昆虫故事

——北方常见昆虫的自然观察图集

王明生　著

北　京

冶金工业出版社

2023

内 容 提 要

本书是一本北方常见昆虫的自然观察图集，作者通过十余载的野外拍摄和跟踪，记录了北京西山上各种昆虫的生活历程和微妙的变迁。书中对这些昆虫进行了细致分类，生动清晰的图片活灵活现地记述这些昆虫随着不同季节的变换，在不同气候的影响下，生存的百态和成长的细节，让读者去了解这一个就在身边的充满生机的昆虫世界，一起感受大自然的美。

本书兼具知识性和观赏性，可供对昆虫感兴趣的读者阅读，也可供对北京西山景区感兴趣的读者阅读。

图书在版编目（CIP）数据

昆虫故事／王明生著 .—北京：冶金工业出版社，2023.1
ISBN 978-7-5024-9318-9

Ⅰ . ①昆⋯　Ⅱ . ①王⋯　Ⅲ . ①昆虫学—普及读物　Ⅳ . ① Q96-49

中国版本图书馆 CIP 数据核字（2022）第 192155 号

昆虫故事——北方常见昆虫的自然观察图集

出版发行	冶金工业出版社	**电　话**	（010）64027926
地　址	北京市东城区嵩祝院北巷 39 号	**邮　编**	100009
网　址	www.mip1953.com	**电子信箱**	service@mip1953.com

责任编辑　卢　敏　张佳丽　美术编辑　彭子赫　版式设计　彭子赫
责任校对　郑　娟　责任印制　禹　蕊
北京博海升彩色印刷有限公司印刷
2023 年 1 月第 1 版，2023 年 1 月第 1 次印刷
787mm×1092mm　1/16；17 印张；412 千字；263 页
定价 109.00 元

投稿电话　（010）64027932　投稿信箱　tougao@cnmip.com.cn
营销中心电话　（010）64044283
冶金工业出版社天猫旗舰店　yjgycbs.tmall.com
（本书如有印装质量问题，本社营销中心负责退换）

前　言

我爱山。因为我是山的孩子。

在北京，我选择了西山脚下作为我后半生的"窝"。于是我有了便利的条件去爬山，游览山上的所有景色。一草一木，一叶一虫，都像磁石一样吸引着我。用相机去跟踪和记录西山上昆虫的生活历程和微妙的变迁更让我难以自拔。

我爱昆虫。因为少年时代的记忆里，昆虫是山的一部分，蜇人的马蜂，漂亮的蝴蝶，蹦跳的蚂蚱，河边的牛虻，还有那夏日里整日鸣叫的知了，时或在农活间，时或在拾柴时，总会与我相遇。

八年前我退休了，从此我拥有了足够的时间，追随它们活跃的季节，跟踪它们生活的历程，记录它们成长的细节。在这家门外抬头可见的西山上，我坚持了十二年，获得了这些昆虫精灵的镜头积累。当我静下来细心整理这些照片时，我自己都感受到心灵又一次被震动。

我是一位退休的工程师，曾长期在钢铁工业战线上工作。对于昆虫的挚爱、学习与研究是从零开始的。面对那些可爱的蜻蜓、蚂蚱、螳螂、甲虫，我边分类整理，边查阅资料。这个过程使我的退休生活丰富多彩又难得的充实。

昆虫是一个极其庞大的动物群体，人类已知的昆虫有100多万种，还有许多种类尚待发现。这个群体是地球上种类和数量最多的动物类群，在所有生物种类（包括细菌、真菌、病毒）里占比超过50%。昆虫属于无脊椎动物中的节肢动物，它们的进化史超过了4亿年。昆虫的踪迹几乎遍布世界的每一个角落。

昆虫的一生，是变态发育成长的。变态发育又分为不完全变态和完全变态（全变态）。不完全变态的昆虫发育历程是"卵—若虫—成虫"；完全变态的昆虫发育历程是"卵—幼虫—蛹—成虫"。

我们在自然界里观察到的昆虫，大多数是它们的成虫形态，比如蜜蜂、蝴蝶、苍蝇、蜻蜓和蝗虫等。而我们较少有机会去发现它们的卵、幼虫和蛹。我们常见的桑蚕、豆虫、洋辣子就是这些昆虫（完全变态）的幼虫；还有小螳螂、小蚂蚱、知了猴，则被称为这类昆虫（不完全变态）的若虫。

我们描述昆虫的特征，研究昆虫的构造，进行昆虫的分类，都是基于昆虫的成虫形态来进行的。

昆虫的基本特征：有一对触角、两对翅、三对足。昆虫的身体分为头部、胸部和腹部。昆虫的身体没有内骨骼支撑，而是外裹一层分节的硬壳，也称为外骨骼。昆虫分类里，大多数是以翅膀的构造与特性来划分的。比如：

鞘翅目，昆虫纲中第一大目。它的数量在整体昆虫里占比达40%，种类超过36万种，我国记载的有7000多种。它们的前翅呈角质化，坚硬，无翅脉，故称为"鞘翅"。常见的鞘翅目昆虫有金龟子、天牛、瓢虫、叶甲等。本类群属于完全变态。

鳞翅目，昆虫纲中第二大目，因其翅膀和身体上被有大量鳞片和体毛而得名。我们常见的各种蝴蝶和蛾类都属此目，识别特征是虹吸式口器。它们的幼虫绝大多数是陆生、植食性。本类群属于完全变态。

双翅目，昆虫纲中较大的目，其成虫仅有一对膜质前翅，后翅已退化成"平衡棒"，由此得名"双翅"。我们常见的各种蚊、蝇和牛虻都属于此类群。

膜翅目，此类群明显特征是嚼吸式口器，有两对膜质翅，前后翅靠翅钩连接。此目包括蚁类和蜂类。已知种类超过10万种，估计种类达25万种。

半翅目，由异翅亚目和同翅亚目组成，共133科超过6万种。异翅亚目就是蝽象，是昆虫纲中的主要类群之一。其前翅覆盖在身体背面，后翅藏于其下。

一些类群前翅基部骨化加厚，成为"半鞘翅状"，因此而得名。有刺吸式口器，以植物茎叶汁或其他动物的体内汁液为食。其腹部有臭腺，遇到敌害会喷射出挥发性臭液。夏蝉，以及小型的叶蝉、蜡蝉、角蝉等也属于半翅目。本类群属于不完全变态。

直翅目，包括蝗虫、螽斯、蟋蟀、蝼蛄等，世界上已知超过 2 万种，属于不完全变态类群。

蜻蜓目，是昆虫纲中一个较小的目，我国已知有 350 多种。蜻蜓目是比较原始的类群，主要包括蜻蜓和螅（豆娘）。说它原始，是因为在 3.5 亿年前就有了古蜻蜓，只是个头比现在大多了。

螳螂目，也是一个较小的目。全世界已知的螳螂种类有 1500 多种，我国有 50 多种。螳螂最显著的特征是它的两只前足自带折叠刀，用来捕捉猎物。

蜘蛛属于蛛形纲。它与昆虫纲都属于节肢动物门。蜘蛛与昆虫极度相关，昆虫的故事里，不能没有蜘蛛。蜘蛛不属于昆虫，但它却总是和昆虫在一起，是昆虫故事不可缺少的一部分。

日复一日，岁岁年年，从晚春到深秋，北京的西山上总会看到小小昆虫的踪影。无论是抓拍之际它们已起飞的遗憾，还是偷窥成功留影为证的满足，都把我的思绪和情感牵了进去。西山昆虫，是青山绿水演进的力证，是生物多样性的鲜活解说。

私下里，我跟山友说，这些昆虫才是西山的小精灵，西山的灵魂。小小生命的奇迹在那里闪闪发光。

我深深地爱着它们。它们是西山不可分割的一部分。它们是青山绿水、优良生态的佐证。它们是满山绿树、遍地草丛的忠诚伙伴，它们是生物防治、以虫治虫的受益者，它们还是林业飞机农药撒播的受害者、有时几近走向种族灭亡……它们的故事，细细道来，构成一个没有门槛设置的庞大生命群落的新世界。

　　昆虫是世界上最繁盛的动物，在生物圈中扮演着极为重要的角色，昆虫与人类的关系十分密切，昆虫对人类的重要性是无法估量的。

　　气候与环境都在不断发生变化。可这些小生灵们做出了巨大的抗争与牺牲，就是为了在自然界中生存与繁衍生息。于是春末夏初，秋去冬来，它们演绎着生命的周期性循环。

　　它们的故事，就发生在生存的抗争里——获取阳光、寻觅食物、逃避天敌；发生在成长的苦恼里——阶段性蜕皮、食物竞争、环境变迁；发生在繁殖使命的进程里——求偶寻亲、隐蔽婚配、选择产卵地……

　　在这个蓝色的星球上，它们与我们同生长，共命运。

　　也许你站得更高些，才能走得更近些。去了解这一个就在我们身边的充满生机的昆虫世界吧。

王明生

2022 年 1 月

目　　录

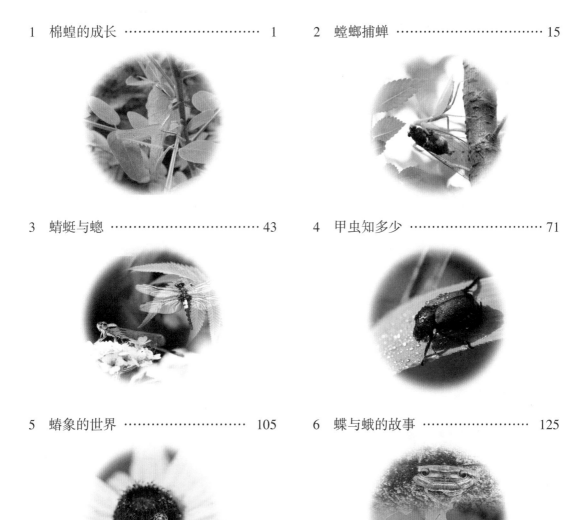

棉蝗的成长

　　它最好听的名字叫中华巨蝗，北方的民间俗称更夸张：蹬倒山。棉蝗属直翅目斑腿蝗科。在蝗虫的家族里，它是个头比较大的，从名字就可见一斑。

　　把它列入本书的开篇章节，是因为它是我最喜爱的昆虫。少年时，我在家乡的山里发现了它，就喜欢上了它。棉蝗的力气很大，徒手去捉，曾被它后足的刺扎伤。

　　棉蝗 1 年 1 代。自立夏至霜降，它们一生的寿命只有 5 个多月。能够熬过寒冬的只有它们在土层里产下的卵块。父母子女，因寒冬相隔，永不相见。棉蝗属于不完全变态的昆虫，即从卵孵化成若虫（又称蝻，跳蝻，蝗蝻），若虫长大就变成成虫。其长大的过程里要经历 5 次蜕皮。

　　绝大多数昆虫的外壳被称为外骨骼。这种外壳相对比较坚硬，除了有保护身体的作用外，还要作为骨骼以支撑身体。棉蝗在成长过程中体形逐渐长大，原有的外壳已经不适应新的体形，于是老外壳逐渐剥离、开裂，新外壳已经形成，但相对比较柔软，颜色也偏淡。蜕皮，对棉蝗来说是一个艰难的过程。

　　首先，它的前胸背部裂开，它必须从头部开始，小心地慢慢抽出触须；然后，配合六足逐步挣脱；最后，整个身体向后背方向从老外壳里缓慢移出。

　　棉蝗若虫的蜕皮，需要一个合理的初始位置。（1）需要环境相对隐蔽，因为这个过程非常容易遭到天敌的袭击，一旦遇袭，此时自己无力逃脱；（2）需要一个相对安全的时间选择，比如从清晨开始；（3）使自己的身体尽量以水平状态倒挂在树枝或树叶上，即六足在上的"仰挂"状态。因为向下的重力有助于身体脱壳；（4）六足必须稳定地钩住树叶，蜕皮过程里的整个身体仍然依靠老外壳的六足（虽然只是壳了）挂在树叶上，以便有足够的时间让新的足钩变硬直至它可以移动身体，以新足钩住树叶，最后腹部从老壳里抽出来。

第 1 次蜕皮前称一龄，蜕皮后进入二龄。完成第 5 次蜕皮后，翅膀伸展开来，标志着它已发育成熟，成为六龄成虫。此前，无论它躲避敌害，还是迁徙觅食，只会爬行与跳跃。所以它在成为成虫之前，几乎只在它母亲的产卵地（或曰它的出生地）周边几米的范围内生长。而棉蝗拥有了自己的翅膀后，就可以飞往几十米甚至百米以外。但这仅仅是为了它求偶、交尾和产卵的便利，才给予了它如此敏捷的活动手段。

"六一"节过后的几天，北京西山上若是有中雨过后的晴朗天气，就会有机会发现棉蝗微小的身影。为了跨越冬季的寒冷，为了躲避爬行动物或其他昆虫对卵块的偷食，为了把最大的生存希望留给子女，去年的母亲尽最大努力把卵块产于地下 7~10cm 深的土洞里。现在天暖了，绿叶出现了，依温度而孵化出来的小蝗蝻，身长只有 5~8mm。它是如何破土出洞的呢？这得益于雨后湿润且松软的土层，它才能爬出土洞迅速占领嫩叶。于是，它的一身绿色与叶子混为一体，得以实现必须的自我保护。空中飞过的鸟儿在漫山遍野的绿叶中就很难发现它。

棉蝗头部的一对触角是嗅觉和触觉合一的器官，它的咀嚼式口器有一对带齿的发达大颚，能咬断植物的茎叶。蝗虫可分为群居型和散居型两类，群居型的成虫有成群迁移和迁飞习性，且迁飞具有一定的方向性，比如飞蝗；散居型一般没有远距离迁飞习性，棉蝗属于散居型一类。

棉蝗的天敌主要有芫菁（一种甲虫）幼虫、螳螂、鸟类、麻蝇等，当然还必须十分小心蜥蜴、蛇和蜘蛛。小小的棉蝗若虫长大成为成虫的比率仅为 5%~8%，绝大部分在成长过程中沦为其他昆虫或天敌的大餐。

棉蝗是一种非常懒惰的蝗虫品种。它在一丛灌木上能够逗留很多天。它的个头很大，是东亚飞蝗的 2~3 倍，但食量却只有东亚飞蝗的三分之一。

虽然棉蝗的食物很杂（很多种树叶和植物都是它的盘中餐），但据我观察，北京西山上野生的扁担杆灌木（俗称孩儿拳头，椴树科扁担杆属）却是棉蝗的最爱。本人十几年的跟踪总结发现：首先，历年初夏首次发现小小棉蝗若虫的植物枝叶，一定是扁担杆，绝无例外；其次，夏末秋初它们的成虫求偶与交尾有极大的概率也发生在扁担杆；再有，在它们成长至 3~4 龄（第 2~3 次蜕皮）之前，它们几乎逗留在出生地周边仅几米内的扁担杆上，此后才在紫穗槐、牡荆、刺槐、野桑枝叶上偶有发现。

2 龄以后，它们的翅芽出现了。伴随着成长进程，在第 5 次蜕皮前，那个翅膀的位置上只保持着翅芽的状态，生长缓慢。只有到了第 5 次蜕皮，它的翅芽位置上已经成长出完整的双侧前后翅。蜕皮后，则双翅不断伸展、掩盖腹部，新的外壳不断变硬，斑纹也发生了不小的变化。成虫的色泽与斑纹已经与若虫时期的一身浅绿有了很大区别。

求偶时段，雌虫常常会在路旁扁担杆灌木的高处枝叶上被发现。那是雌性棉蝗在发出求偶信息，一种人类无法察觉的叫做信息素的挥发性化学物质，高处、路边都有利于借助微风来扩散与传播。这可是一种冒险！高处枝叶是鸟儿很注目的地方。

北京西山上，棉蝗是当之无愧的最强壮、个体最大的昆虫。其雌性成虫体长可以超过 8cm。

虽然它是害虫，以树叶为食。可它的食物不以禾本科植物为主，不会给农业造成直接危害。我跟踪十几年的感受是，目前它的存量已经到了勉强维持物种存在，以它为环的生物链似断非断的状态。

1.1 童年时代

好的年份，5月中下旬棉蝗若虫就出现了。它只有 7~8mm 长。刚孵化不久，显得头比较大，身材比例失调。这个小家伙正在构树叶上享受阳光。

这一只棉蝗若虫，正在扁担杆的花蕊上进食，这是它最爱吃的。那些花蕊的大小相当于一支大一些的火柴头。

在北京西山三柱香（山名）领地，只有在这种被称为扁担杆的灌木或树丛上，才有更多的机会发现棉蝗。其他的树叶上如果也有它在，那这棵树多半是扁担杆的近邻。

注意仔细看，这一只小东西已经长出了翅芽。说明它已经完成了第 1 次蜕皮，进入 2 龄。此前，在 1 龄时段它并没有翅芽（如前几图）。

1.2　少年时光

它们已经成长了 5~8 周的时间，身长已经达到 3~5cm，进入了 4~5 龄。作为天敌的目标，显然已经很大个、很显眼了。于是它们会选择与自己身体大小相当的树叶来掩饰，比如紫穗槐、刺槐。栖息在这样的枝叶中，又有自身颜色的掩护，飞过空中的鸟儿就不容易发现它们。

　　棉蝗是蝗虫这一大类群中食量比较小的一种。它们进食时段（蚕食树叶）的选择和安排与天气情况、鸟儿对食物的需求、枝叶的茂密程度及其所在山间位置等诸多因素密切相关。

　　这是一只残疾青年，它失去了左后腿，正趴在自己喜爱的扁担杆树叶上。它处于5龄后半期，身体的颜色斑纹和腿上的颜色斑纹都发生了显著的变化，而且翅芽上出现了棕红色斑。这些变化预示着当它完成最后一次蜕皮——第5次蜕皮后，两侧前后翅将生长完整，并逐渐伸展开来合并覆盖在腹部上，它就将进入6龄期。十几天后，它就是成虫了。

1.3　青年和壮年

　　这是一只同样处于 5 龄后半期的棉蝗，已经经历 4 次蜕皮，估算它已经有 75~80 天的成长史，很快就会进入 6 龄而成为成虫了。

　　这只棉蝗已有一副完整的成虫模样了。它体色整体偏淡，可能刚刚完成第 5 次蜕皮。

从卵孵化出来的若虫，从初夏到入秋，终于长大成人了。可从外观上区分雌雄，除了雄性个体比雌性相对小一些，再没有明显的标志了。它们的身长可达 6.5~8.5cm。

这幅头部的特写，是为了能够识别出它的头部除了一对复眼的大眼睛，还有三只小的单眼；一对触须根部中间偏下的位置有一只单眼；两只大眼睛与触须根部之间又各有一只单眼。

单眼的功能主要是感受光线的强弱；复眼则是识别目标物体的形状。三只单眼在头部呈倒等腰三角形布置，可以感知不同方向的光线。

棉蝗的听觉器官是一对小小的半月形薄膜，位于腹部 11 个体节的第 1 节两侧。我曾因手持相机、缓慢靠近它时不小心踩断了枯枝，发出的微小声音导致它迅速爬去树叶的背面躲了起来。

它的嗅觉依赖头上的线状触须来感知，比如雄性棉蝗会迅速感知到微风中飘来的雌性的求偶气味。

发现、靠近和近距离拍摄它的第一要诀是：清晨天色渐亮时 + 尽可能缓慢地移动靠近它 + 避免出声。它的复眼对于人的身体和头部的影像并没有特别反应。但若你快速移动靠近，它敏感的单眼会对你的身影立即产生反应。

1.4　蜕皮过程

这只棉蝗刚刚完成第 1 次蜕皮，正在享用日光浴。

它选择在早晨 7 点开始进行第 3 次蜕皮，这是一次进入 4 龄期的节点时刻。

已经立秋了，它前胸背部的几丁质外壳开始出现蜕皮前的明显变化，腹部的外皮颜色也在变白。这表明，它第 5 次蜕皮马上就进入倒计时。

下页这一组图片，是棉蝗的第 5 次蜕皮过程，历时 37 分钟。特征 1：它只用了两只中足悬挂身体便完成了蜕皮；特征 2：两只后大腿在弯曲状态就完成了蜕皮；特征 3：前胸背部先裂开，前胸背部和头顶部先行蜕皮而出，触须缓慢拔出来，两前足和中后足，依次缓慢从旧壳里抽出来。

棉蝗蜕皮的视频记录

1.5 成年求偶交尾

　　这是一只雌性个体，它趴在心爱的扁担杆枝头翘起尾部发出求偶信息。这发生在一条山间消防公路的路旁，这条公路同时又是山间微风的风道，风带走并扩散着对雄性充满吸引力的化学气息。

　　这个画面显然是雌性求偶时的调情动作。我当时屏住呼吸、原地不动，竟然忘记打开视频记录……

　　这是一个神圣的时刻。它们千辛万苦、九死一生走到一起，只为了完成一项伟大的使命——交尾，为了繁殖，为了物种的延续。

　　请注意，它们开始求偶和交尾都选择了在扁担杆的枝叶上进行。这实质上已经在为产卵地点做准备，意味着明年孵化出生的后代有饭吃。

　　此时此刻，我来代替它们回首小结：这个群体，只有二十分之一或略多一点的部分活着走到了现在。它们活下来的终极目标就是繁殖，只是繁殖。而且在北京西山上，跟踪了12年后，我获得了一个自己的结论：它们几乎只有在山间消防公路旁的枝叶上才能被发现。因为这条路上，晨练与郊游的人很少间断，反而成为它们最安全的生存境地。因为人常走的路上，鸟儿就飞远了。

螳螂捕蝉

在昆虫家谱里，螳螂自属一目，螳螂目。

螳螂是食肉性昆虫，属捕食性，以其他昆虫和小动物为食，是农业、林业的大益虫。全世界已知有2200多种，我国记载的有112种，大多数新奇的螳螂物种在我国南方分布。

我国北方的螳螂最明显的特征是：两条前足自带折叠大刀，刀刃上尽是尖齿。其三角形的头上有一对突出的复眼，大而明亮，用来识别目标的形状；还有三只单眼在两只复眼之间的头顶部，单眼很小，用来感受光线的强弱。前翅皮质，是覆翅；后翅膜质，扇状可折叠。其前胸较长，能活动。螳螂的口器是咀嚼式口器，上颚强劲。

我感到最神奇的是，六足昆虫里唯有螳螂的两只前足被进化成捕捉足，改变了其行走爬行的功能而成为了专用的捕猎工具。独特的进化路径啊！

螳螂属于不完全变态昆虫，在北京，1年1代。北京西山上仅发现三种螳螂，其中一种很少见，即棕污斑螳；另两种就是中华大刀螳和广斧螳。立夏过后的几天里，暖阳下的阔叶上就可以见到刚刚孵化出来的小螳螂的身影。它从若虫到成虫须经过7~11次的蜕皮历程，这与气候改变、环境变迁等密切相关。螳螂成虫的完整的翅膀是在最后一次蜕皮后伸展开来才出现。前些次数的蜕皮成长，翅膀仅仅保持在翅芽状态而并不发育。

小螳螂的成长完全靠捕食。而它捕食的方式几乎是守株待兔！它依靠两只带刀的前足和后四足，只能在小范围里移动，而且只有爬行。这就大大限制了它主动出击的能力，除非猎物离它很近。它们在枝叶间的移动，仅仅是狩猎场的变更而已。

我观察到，小螳螂的狩猎场以宽阔的树叶为多，然后是潜伏在枝叶顶端的嫩芽处，或是枝尖的隐蔽点，耐心地等待猎物。它最喜欢的猎物多是"飞禽"，如飞蚁、蚊子、蟥象、蝶、蛾和小蜂等。

关于它们同类相残以解决温饱的实例，我跟踪12年来只有1次记载，一只成虫螳螂把另一只7~9龄的螳螂斩于刀下、慢慢啃食。而关于成虫螳螂交尾时"雌性吃掉了雄性"的现象确实存在。我记录在案的有2次，一次是交尾过程中，雌性把雄性的头一口一口地吃掉了，而交尾仍在持续；另一次同样的过程，雄性的头和两把大刀都被吃掉了，交尾并没有停下来。

我的最神奇的记录：

（1）一只雌性中华大刀螳的身上悬挂着三只雄性，毫无疑问，只有一只获得了交尾成功的机会。而其余两只雄性肯定是姗姗来迟。这几张图片，我取了个形象的名字："组合舞剧照"。

（2）两只正在交尾的中华大刀螳，幸运地又捕获一只蒙古寒蝉！雌性螳执手操作，大口啃食这巨大的战利品。预估一下，雄性完成交尾后将得以全身而退，毫发无损，因为雌性肯定已经吃饱了。

（3）螳螂捕蝉的记录共有6次。5次在树上，1次在灌木上。6次里，广斧螳占4次，中华大刀螳只占2次。似乎是广斧螳相对更勇猛、更好斗、成功率更高。

从卵孵化出来的若虫（小螳螂），虽然也不过7~9mm身长，但必须依靠自己的机智与勇敢捕食一蚁一虫，不断充饥成长。它们同样要躲避天敌的袭击，螳螂天敌主要有鸟类、蜥蜴、蛇、蜘蛛、青蛙等。从小小若虫顺利成长为成虫的螳螂，充其量也不会超过十分之一。

但愿我们每个人，都十分爱惜这一种群的小昆虫，它们是益虫。它们虽然只是西山许许多多生物链里的一小环，却又是西山昆虫家族群落里的一大章。绿水青山，必须和完整的生物链们和谐地在一起。愿我们，我们的孩子和他们的孩子们，都能够有机会再看到这些昆虫。

螳螂，一种小小的昆虫，却在我们中华文化的长河里英名流芳。你看："螳螂捕蝉，黄雀在后"这一则来源于寓言故事的成语，其有关典故见于两千多年前的战国时期，我国最著名的哲学家、思想家、文学家庄子的《山木》篇这一著作；另有宋朝诗人乐雷发的诗《秋日行村路》有曰："儿童篱落带斜阳，豆荚姜芽社肉香。一路稻花谁是主？红蜻蛉伴绿螳螂。"

2.1 美丽的童年

淡绿略带浅蓝的体色呈半透明状，说明这只螳螂刚完成一次蜕皮。它已走过三周左右的生命历程。它喜欢逗留在扁担杆的花蕊上，原因一，小小花朵上容易飞来小蜂等猎物；原因二，这种花蕊也是棉蝗若虫的最爱。所以，它在狩猎。

　　在我半山腰的微距摄影据点里，大多时候小螳螂们并不总是站在扁担杆的花蕊上，似乎它们知道花儿没开，小飞虫不会来。可我需要它站上去，于是我用一根草梗，把近处的小家伙转移过来，引导它站上去，还要摆出我喜欢的姿势，这时候我才按下快门……心里念着：谢谢合作。

　　小螳螂此阶段主要捕食蚜虫、叶蝉、粉虱、蚂蚁等。

　　两只小螳螂，一只在紫穗槐的枝头，那里是小飞虫最喜欢降落的地方；一只在构树叶边缘上，一旦遇到危险，它可快速翻爬到树叶的背面，躲避袭击。在构树叶边缘上的这个小家伙才只有十几天大，不超过两周，其身长只有约 11mm。请注意，这两个小家伙的身体颜色并不相同。大一些的，变绿色了。

这两只是广斧螳的若虫，它们有 5~8 周大，两只体色还各不相同。广斧螳的成虫，已发现有两种颜色，一种棕黄色，一种浅绿色。这两个小家伙，也许就是未来两色成虫的童年。

　　这是一只中华大刀螳的若虫，也有约 8 周大了。或许，夜里栖息在叶下比较安全，清晨醒来，还未及转移去捕猎战场。它正倒挂在构树叶柄下享受阳光。

童年时代里，小螳螂们栖息和捕食的战场大多分布在构树叶、紫穗槐、扁担杆、刺槐、荆条灌木等处。

2.2 青少年时代

这是一组典型的广斧螳若虫，有 9~14 周大。最下面那只螳螂的两把大刀前臂基节上有三个明显的淡黄色突出小疙瘩，这是广斧螳的一个突出标志。

接下来是一组典型的中华大刀螳若虫，有 7~11 周大了。左圆图这一只只有 7 周大，它的翅芽还没有发育。

这两只都已经 11 周大了，双侧各两个翅芽已经明显发育了。资料显示，它们在第 4 次蜕皮以后开始发育翅芽。

 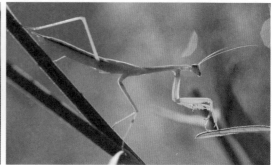

这是一只不多见的棕污斑螳的若虫。它有 11~12 周大。

这一组"青少年"小螳螂主要捕食果蝇、蚊子、土蜂、小蛾子、粉蝶类。它们的捕食场所也略有变化：构树枝叶、紫穗槐、刺槐、黄栌、山桃等。

2.3 西山上的三种螳螂

2.3.1 广斧螳

西山上常见这两种身体颜色的广斧螳，它们已经经历了 12~17 周的成长，历经 7~8 次蜕皮羽化为成虫。因其腹部相对较宽，也被称为广腹螳螂。它们突出的外观标志一是前足基节前方有三个浅黄色突出的小圆斑突；二是双侧前翅各有一个卵形白斑。其成虫体长可达 65~75mm。

广斧螳性情凶猛，好战。西山上我遇到的真实大自然版本的"螳螂捕蝉"，其中有 4 次记录是广斧螳所为，占比高达 67%。

成虫广斧螳大多在树上或灌木丛中栖息与捕食，草丛中几乎找不到它们。广斧螳 1 年 1 代，其生命周期长达 5 个月。从立夏后到霜降前，都能够看到它们的身影和踪迹。

广斧螳的卵鞘像半颗大枣的形状，纵向轴线还有一束白色的突起，其他部位呈暗深灰色，外表比较光滑平整。常见于路边林木枝头或向阳的岩石上。

2.3.2 中华大刀螳

8 月中下旬开始，中华大刀螳（也有称为中华大螳螂）将陆续羽化为成虫。这一只刚被从草丛中转移到路面上，感觉它很生气，立即做出反应，立了起来，双举大刀，怒目圆睁，嘴巴都张开了，双翅也展开来向我示威。我猜，它的抗议之举是在努力塑造自己高大威武的形象、显示凶残强悍的本性以震慑对方。

　　下图，它刚刚完成最后一次蜕皮，体色淡绿，前翅还未及皮质硬化，薄如蝉翼。

　　这一组是雌性的中华大刀螳。雄性和雌性的中华大刀螳的主要区别在于雌性的体色通体呈浅绿色，腹部略宽厚些，身长也比雄性的要长一点儿，身长 7.5~12cm。

　　下左上图中的中华大刀螳完成最后一次蜕皮的时间不长，有人称为亚成虫时段，即还没有完全成熟的成虫。

这一只雌性的中华大刀螳已经有孕在身，大腹便便了。

这是雄性的中华大刀螳。其前翅的颜色以及前胸背板后半段的颜色呈浅褐色。其腹部较窄小，身长 6.8~9.5cm。

这是比较少见的通体褐色的中华大刀螳，只有前翅双侧外沿呈绿色。

中华大刀螳的成长要经历 7~11 次蜕皮。它们从卵孵化出来的若虫开始计算，其生命周期一般 5 个月左右。个别的个体曾经在立冬时节还能见到。它们在童年时期、青少年时期和羽化为成虫的初期，分布在盘山消防公路路边的各类灌木、林木枝叶上，以及齐膝的草丛中。

但当它们开始求偶、交尾，并寻找产卵地的时候，草丛里的伙伴就陆续转移到灌木和林木的枝头。这是因为它们的卵鞘一定会在这些木质的枝头上；另外，在朝阳避风的石崖上也会发现它们的卵鞘，并且近在咫尺间一定有灌木丛。

中华大刀螳的卵鞘像一颗不太圆的大枣的形状，呈浅土黄色，外表似海绵体，像一小块手撕面包芯。

2.3.3 棕污斑螳

棕污斑螳别名棕静螳，西山上很少见。总是在路边的草丛里发现它们，其多以负蝗、蚱蜢、蟋蟀等为食。它们最明显的标志是在前足基节和腿节内侧具有大块的黑色斑纹，前足内部有黑、白、粉红色斑。

2.4 螳螂捕猎

　　这两只小螳螂只有大约两周大，它们竟然自力更生、捕食成功。猎物似乎是只带翅膀的小蚂蚁。

这只小螳螂有大约 4 周大了，它捕获了一只飞蚂蚁。

这是一只广斧螳的若虫，已经有一个半月大了，它捕获了一只小黄蜂。

这只成年广斧螳正在享用自己捕猎的蝽象。

紧盯目标的捕猎时刻：

这只成年中华大刀螳盯住了一只色彩艳丽的洋辣子（刺蛾的幼虫）。如若那只虫子坚持不动，则螳螂绝不进攻。当它动起来的时候，螳螂立即飞捕向前，迅速拿下。已经死去的猎物，绝不是猎物，螳螂绝不会去动它们。

　　这只小螳螂也就 3 周大多一点，它勇敢地紧盯着一只朽木甲虫，心里正在迅速盘算：它的个头比我还粗壮，我能拿下它吗？

　　这一组镜头里，我的感悟：一是可遇不可求的时刻，很难得的镜头与画面；二是小螳螂们守株待兔搞狩猎，收获很一般，现在已经不是苍蝇蚊子满天飞的时代，猎物少了很多；三是，它们总是忍饥挨饿地过日子，一切只有顺其自然。

我曾经做过试验，捉住一只半死的小飞蛾，然后轻轻地摆放在小螳螂面前的大树叶上，它首先是受到了惊吓，似乎它无法将注意力集中到眼前的目标上。然后，那只小蛾真的死了，它不再动了，于是小螳螂置之不理。

　　再一次，我成功地把一只洋辣子移送到成年螳螂面前，洋辣子似乎感受到了威胁而装死不动，螳螂也受到了些许惊扰，迟疑了很久。我坚持等待，当那只虫子动起来向前爬行时，螳螂一步向前、迅速把它夹在刀下，稳定了几秒钟，然后它低下头，左一口、右一口地低头享用起来……

　　结论：在眼前移动的才是猎物。

2.5　螳螂蜕皮

　　这是一只中华大刀螳，它经历了大约 3 个月的成长，这一次蜕皮或许是最后一次，或许是倒数第二次。

　　它蜕皮过程的开始，一定是首先在选择好的位置上倒挂，六足抓牢比较固定的物体，头部、前胸部和前足协调动作，从后背方向的裂缝开始，一点一点儿从"旧外套"里退着钻出来。

　　这一只小螳螂只有 5~6 周大，它在进行第 3 或第 4 次蜕皮，它十分努力地正在把两条触须和两条前足从旧壳里抽出来。注意，因为它还小，身上还看不到翅芽的发育。

它完成了最后一次蜕皮，双侧前后翅都已经发育完全，而且全部伸展开来。只是皮质前翅还未及硬化，旧壳还挂在腹尾上。

"天已经亮了，我的最后一次蜕皮也完成了。我等待阳光洒向我的全身。"

2.6 同类相残

胜利者的双翅已经齐全完整，至少是一位亚成虫。而受害者还是翅芽毕露，说明它比胜利者小 1~2 龄，还属若虫期。它们绝不是角斗，更不是战争。从卵鞘中孵化出来，小螳螂们便四方扩散而去，各自占领各自的树叶，渐渐长大。它们似乎也有了自己的领地范围，从来没有在一个树枝上发现两只螳螂。

这两个画面，确实是大哥把小弟吃掉了。因为饥饿而捕食同类，在螳螂种群里是我跟踪 12 年来遇到的唯一一次。

有关资料介绍，3~4 龄以前的螳螂若虫能够忍受 3~4 天捕食未果、不吃东西；而 8~9 龄以上及成虫期，它们不吃东西的极限是 9~11 天。在西山林场没有虫灾的正常年景，螳螂们看来是常常忍饥挨饿了。

2.7 螳螂捕蝉

当一句知名的成语演绎为自然真相，我第一次目睹时惊呆了！

它们在树上，我的相机没有长焦镜头，因为距离远些而失去了好多次珍贵的机会。螳螂成虫已经具备足够的力量，当它把一只个头不小的蒙古寒蝉夹在刀下时，那只蝉会拼命扇动翅膀挣扎。螳螂必须在一段时间内控制住它，并开始一口一口地啃食，直至蝉被啃死才停止挣扎。

我常常怀疑螳螂的那四条腿，怎么能够承受挣扎着的蝉发出的冲击力？那四条腿真的不算粗壮啊！可它们的确都成功了。

这个画面极其难得。我发现的时候，就是这个状态。猎物的蝉只能微微地颤抖了，因为它的后背已经被啃食了一大块。这种状态是怎样形成的呢？

推理1：雌性螳螂幸运地捕获一只蝉，正在慢慢享用时雄性螳螂不期而至；

推理2：雌雄一对螳螂正在享受交尾时，这只蝉走错了路、飞错了地方，一下子落在了螳螂刀下，悲剧发生了……

延伸推理：一般情况下，在雌雄一双螳螂的交尾过程中，大概率雄性螳螂会作出牺牲，被雌性螳螂吃掉。可现在情况变了，交尾在进行，雌性螳螂的大餐美食也在享用中。最后，雌性吃饱了，雄性的牺牲幸免了，皆大欢喜。

无论状态过程符合哪一种推理，这都是一个极小概率的事件。实属罕见！

2.8　求偶交尾

画面命名："组合舞剧照"。意思很像一种优雅的华尔兹舞步，只是三只螳螂围在了一起。一只雌性、三只雄性的中华大刀螳极为罕见地聚在了一起。应该说，三只雄性都挂在了那唯一的一只雌性的身上。这的确是一种交尾状态的集合，但能够成功交尾的只有一只雄性螳螂。那另外两只雄性是什么来历？

推理 1：一对雌雄的交尾正在发生，另外第 3 者和第 4 者陆续不期而至。它们虽然已经失去交尾的机会，但它们决定留下来，为了等待被雌性吃掉而光荣献身的机会。这将为雌性肚子里的子孙后代提供丰厚的营养。

推理 2：一双雄性螳螂前后脚抵达雌性身边，礼貌的竞争后，一只胜出、成功交尾，另一只不舍得离开而滞留了下来。不巧，又来了一位雄性。

无论怎样，冒着牺牲生命的极大风险而滞留下来的另两位雄性，其勇敢的目的解释为期待为后代提供营养，是可接受的包含崇高献身精神的选项。

也许，在微小的昆虫世界里，崇高比卑微更繁多，更深远，更长久。

这只雌性的广斧螳后翅尾部，正在发出某种具有化学气味的求偶信息。

求偶成功！一对雌雄中华大刀螳情投意合。

它们已经成功交尾。在种群的延续上，这是个神圣的时刻。

它们的"婚礼"很隆重。它们选择了牵牛花作"证婚人"。

接到了求偶信息,那位雄性螳螂虽然大步流星,但还是迟到了。

2.9　雄性献身

这是两个残忍的画面，却又是很难得的大自然的真实写照。

　　交尾正在进行时的一对中华大刀螳，雌性螳螂把雄性的头给吃掉了。4分钟以后，雄性的部分前胸和一双前足也被吃掉了，但交尾一直在进行中。

　　这两幅图是同一个案例。当它们进入我的视线时，那只雌性螳螂已经把雄性的头吃得所剩无几了。赶在这个节点发现它们，我感到非常幸运。这不再是一个传说的故事，这的的确确是在大自然里真实上演的。

　　大半生忍饥挨饿，最后时段要孕育子女，需要补充大量的营养物质，不得不为之的捷径，仅此而已。

　　没有反抗，绝不挣扎，甘愿牺牲，是作为父亲的最后贡献，也是最大贡献。可它们身为父母，却永不可能与来年孵化出来的子女们相见。只有南方的亚热带、热带地区，也许代代轮回，没有严冬相隔，它们有可能母子相见，但一定不会相认。因为母亲完成产卵后，就离开了，不再回头。

　　这是另一个个案。当我发现它们的时候，已经就是画面的残局了。

　　同样的画面，交尾正在进行中的雄性，失去了头颅和两只前臂，仅残余小部分前腿基节。查阅相关资料，一种解释是，失去了头部的雄性螳螂还能够存活十天！并且，它失去了头部的神经节，却并不影响腹部的控制交尾神经节的活动。

画面显示，这位大腹便便的雌性中华大刀螳身旁，只留下了一对新鲜的后翅。那位雄性螳螂基本已被全部吃进了雌性的肚子里。

2.10　螳螂产卵

左下图是一只雌性广斧螳，它正在一棵矮小的酸枣树上产卵，并且已接近尾声。这棵酸枣树在一片灌木丛的边缘，同时也在登山爱好者必须经过的大路旁。它选择这个产卵的位置，有两个重要原因：一是相对安全，有人经常走动的路旁，鸟儿不来这儿。未来小螳螂的生存威胁减少了很多；二是选择一片灌木丛，未来的小螳螂可以迅速前去谋生。

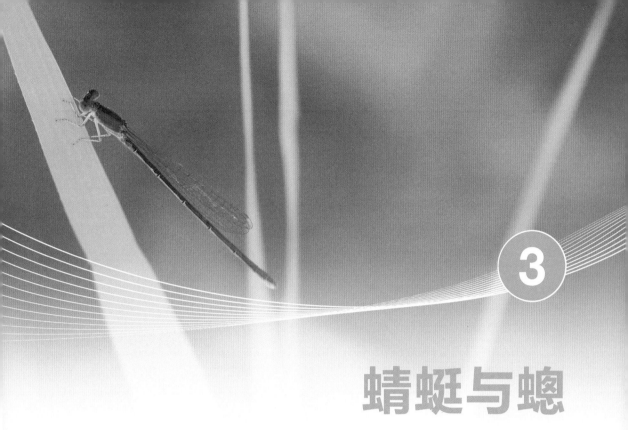

蜻蜓与螅

蜻蜓目里只有蜻蜓和螅（豆娘），它们是一类比较原始的昆虫，与蜉蝣目同属古翅部。在我国准噶尔盆地的边缘曾发现原始蜻蜓的化石，距今已有 2 亿年。

蜻蜓目分为差翅亚目的蜻蜓和束翅亚目的螅。蜻蜓目下的昆虫全世界已知有 5600 多种，我国也超过了 250 种。蜻蜓和螅都是肉食性昆虫，它们捕食苍蝇、蚊子、叶蝉、虹蟆和小型的蝶、蛾。蜻蜓和螅都属于不完全变态的群体，它们的稚虫（幼虫）生活在水中。蜻类和螅的稚虫在水中需要生长一年左右的时间，而蜓类的稚虫则需 2、3 年，甚至 7~8 年。蜻蜓和螅的稚虫潜伏在溪池泥底或残枝败叶下，肉食性，性情凶猛，喜欢捕食小型水生昆虫及其幼虫，比如蜉蝣稚虫、石蝇稚虫、摇蚊等双翅目幼虫；大型的蜓类稚虫甚至可以捕食小鱼、小虾和蝌蚪。两者稚虫在水中的生长历程很长，需要完成 8~14 次蜕皮。

初夏黄昏，只有小溪旁、河岸边、池塘坝这些有水的地方蜻蜓和螅的身影才多一些。蜻蜓一生中 95% 的时光是在水中度过的。这似乎类似于蝉，只是蝉的若虫是在地下度过的。某一个仲夏之夜，老熟的稚虫爬出水面，寻找一棵草梗或爬上一段树枝就开始了羽化，类似于金蝉脱壳。这个过程一般在日出前就已经结束，而不是人们想象的它需要阳光的照射才会翅膀变硬。因为清晨羽化，日出后才伸展翅膀，则可能会导致日晒下薄翅开裂这一悲剧的发生。

我的记录里，螅在五月上旬末就出现了，黄蜻则要再晚一周多至中旬出现。它们在陆地上的最后时段也就五个月左右的时光，十月中旬以后就基本上消失了。

螅的身体相当于一支火柴的大小，瘦小细长。最小的只有 1.5cm 长，最大的 6~7cm 长。北京西山脚下的螅，常见的在 3.5~5cm 那么长。

螅主要以捕猎体型微小的蚊、蝇、蚜虫、介壳虫、木虱、飞虱、摇蚊等昆虫为食。螅一定会回到水边产卵。我遇到的最令人感动的产卵方式是：雄性在水面上悬停飞行，尾部向下钩住雌性蟌的后脑勺，雌性蟌则把腹部弯曲插入水下，寻找水草茎叶以附着产卵。有一次，竟将整个雌性蟌的身体都浸入水里去了。雄性蟌不离不弃、坚守岗位。

蟌的飞行能力相对弱一些，蜻类就强多了，蜓类则最强。它们总是在飞行中寻觅猎物，一旦发现，立即"空中揽月"，迅速把猎物揽于怀中。一般蜻蜓的两只前足较短，飞行时折叠起来竖放在两侧的大眼睛后面；其余四足则向后伸直贴在胸下，以减少飞行阻力，很像飞机起飞后起落架的归位。空中捕猎时，其两只前足紧急出动摆位抓捕猎物，非常快捷有力。

蜻蜓的一对复眼很大，每一只复眼由 28000 个小眼组成。每个小眼都能够独立成像，组合在一起，形成了目标物体的整体形象。但蜻蜓的大眼睛并不能保证看得更清楚，这就要说到它的动态视力功能。即它眼中的静止物体都是马赛克拼图状，并不精细清晰，但任何物体的移动能在它复眼各区小眼产生时差光影，综合为动态视力。这是非常强大和敏感的。另外，一对复眼的视角接近 360°，因此能够实现动态识别目标而迅速空中捕猎。

蜻蜓和蟌都还各有 3 只单眼，位于头顶部两只复眼之间，呈倒三角分布。每一只单眼很小，比半颗小米粒还小一点儿。它们没有成像功能，只是感受光线的强弱明暗。但其在视力综合功能中功不可没。

在昆虫家族，蜻蜓的复眼视力是最强的；次之是蝴蝶，蝴蝶的复眼由 12000~19000 个小眼组成；而苍蝇的复眼只有 4000 个小眼。

最令我困惑的是，无论蜻蜓还是蟌，它们中大多数虽属同一种，却雌雄异色！红蜻遍体大红色，十分醒目；而其雌虫却是通体黄色。几条色斑不同，可能就是不同的种属。而这情况颠覆了我最初的概念。

最令我惊讶的是，无论蜻蜓还是蟌，先是水生再而陆生。只是这么一只小小的昆虫，它的呼吸系统竟发生了根本的转变！由鳃到呼吸气管。

蜻蜓的英文名叫 dragonfly，直译就是"飞龙"。可见这一昆虫在人们心目中的地位很高，也见证了它几亿年的悠久进化史。我国晚唐诗人韩偓的《蜻蜓》诗有云："碧玉眼睛云母翅，轻于粉蝶瘦于蜂。"如同一首歌，把蜻蜓的美丽形象唱出来了。

我非常喜欢蜻蜓。它行动敏捷，能迅速起飞在空中捕猎，其他昆虫无法相比。它的大眼睛、透明双翅和修长身材都十分吸引人。更诱人的是它十分敏感，近距离拍摄它很难。只有清晨日出前，它似乎还没有醒来，也或许它翅膀上凝聚了露珠，你才有机会近距离拍摄。若你发现了它，需要慢慢地靠近，需要耐心再耐心。

3.1　蜻蜓

3.1.1　碧伟蜓

碧伟蜓，常见蜻蜓种类，体型属大型。北京话俗称：老杆儿。

其特点为：面部黄绿色，上唇下缘黑褐色；前额上缘有一条黑褐色横纹；合胸侧面黄绿色，没有斑纹；中胸与后胸之间的明显侧缝上，有一条褐色条纹，胸背部也呈黄绿色；四翅透明，雄虫略带黄色，雌虫略带褐色，成熟后雌虫四翅全褐黄色或深褐色。碧伟蜓稚虫性情凶猛，喜欢在水底活动，捕食小鱼小虾。成熟时，常常在夜里爬出水面，羽化为成虫。这些镜头是在北京市昌平区东大桥南的白浮泉公园获得的，那里有丰富的水系。

3.1.2　长痣绿蜓

长痣绿蜓个头属大型。雄蜓全身绿色；前胸背面有三条黑色粗条纹，胸部侧面是草绿色；腹部绿色，各腹节侧面都有黑色斑纹；六足全是黑色。

画面拍摄于北京海淀区西北旺镇冷泉村水系。

3.1.3　大团扇春蜓

大团扇春蜓身体属大型。它的突出特征在尾部，其第 8 腹节侧缘扩大如扇状，扇子带黑边，中间黄色。其复眼绿色；前胸背部黑褐色，胸部侧面有三条黑色条纹，其余均为黄色；腹部黑色带黄斑。

北京西山没有发现，画面采集自北京市昌区平山区某小溪边。

3.1.4　红蜻

红蜻属中型体型，雌雄异色。雄虫通体红色，前后翅基部有橙色色斑，前翅橙色斑不明显，后翅橙色斑比较明显，占后翅长的 1/5~1/6；六足呈红色或褐色。

雌虫通体呈现淡黄色或黄色，胸部呈黄色或褐色，胸侧面呈淡褐色；翅基部色斑为黄色，腹部黄色，有些腹部的背部中间有纵向黑条纹。

红蜻雌虫在北京西山脚下的水域比较常见（右三图）。

3.1.5 黄蜻

黄蜻为中型体型，头部较大，全身黄褐色。复眼上半部暗红色，下半部暗蓝色；前胸基本是黄褐色，没有斑纹；后翅基部带有黄橙色。雄性腹部背面为红色，有黑色条纹或斑点；雌性腹部黄色，有黑色条纹（下三图）。其余雌雄体色基本相同。

这是一只飞行中的黄蜻。仔细看它的左侧复眼后面竖起来的是折叠前足。其余中后足均向后贴在胸下收起。这大大减少了飞行阻力。很像是客机起飞后把前后起落架都收了起来。

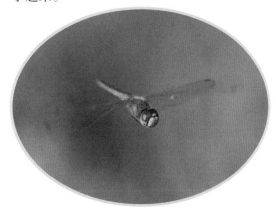

黄蜻两只前足相对较短，弯起来放在脑后（眼后），以便于迅即出手抓捕猎物。蜻蜓捕猎几乎都是在空中进行的。

北京各处都比较常见这一种类。

3.1.6　条纹黄赤蜻

条纹黄赤蜻身体属中型（左二图）。资料显示，雄虫复眼上半部呈红色，下半部呈淡黄色；翅透明；前缘带有黄褐色；腹部红色或红棕色，每一个腹节上都有黑色斑点。雌虫通体为黄色或橙黄色；胸侧有两条黑色细条纹；腹部红色或橙黄色。

第一幅图是临近仲秋时节的赤蜻画面；第二幅图则是夏至前后。它们身体的颜色差异很大。

3.1.7　异色灰蜻

异色灰蜻体型中等。雌雄颜色差异很大。雄虫复眼呈深绿色或黑色；胸部深褐色或蓝灰色，具灰色粉末，现蓝灰色居多；六足黑色，具刺；腹部灰色，第8~10腹节黑色。

资料显示，雌虫前胸黑褐色，前叶前缘黄色，中叶背面中央有两个黄斑，后叶黄色，竖立叶片状，边缘有长毛；合胸背面黄色，合胸脊黑色，两侧各有一条黑色宽条纹，并与第1条纹相融合；合胸侧面黄色，第2和第3条纹相融合。

3.1.8 狭腹灰蜻

狭腹灰蜻头部以黄色为主。前胸黑褐色，前叶及背板中央具黄斑，后叶大部黄色，缘具白色长毛；合胸背黄绿色，具细毛及黑色小齿，两侧各有 5 条黄绿色与深褐色纵条；翅基部橙褐色，翅痣黄绿色；腹部第 1~3 节膨大如球，有黄绿色与黑褐色纵条斑，第 4~6 节缩成棍棒状，黑褐色，侧面具黄色斑，第 7~9 节全黑色，第 10 节黄褐色。这是雄虫。

雌性颜色比较暗淡，绿中带点灰色。其口器很锋利；腹部细长，腹部每节都是由黑白相间构成的；翅脉呈黑色。

3.1.9　异色多纹蜻

异色多纹蜻属小中型体型。雌雄异色。雄虫复眼上半部呈棕黑色，下半部呈黄绿色；合胸总体呈淡蓝灰色；胸背部前方灰黑色，胸侧面淡黄色，有三条贯穿的黑色条纹；腹部蓝灰至灰黑色，有的蜻第8~10腹节是黑色的。

雌虫色型较多，总体可分3类：（1）与雄虫基本一样，只是腹部侧面有黄色斑纹；（2）身体为橙黄色带黑色条纹，翅脉红色；（3）体色橙黄色带黑色条纹，但翅上无褐色斑点。

前三张图为雌虫，第四张图为雄虫。大多拍自北京市昌平区白浮泉公园。

3.1.10　竖眉赤蜻

竖眉赤蜻个体大小属中型。雌雄体色不同。这四幅画面都是雄虫。

雄虫额上方有两个黑色小眉斑（可能是名字中竖眉的来历），上唇为黄褐色；复眼上半部呈红色，下半部呈黄色或草绿色；胸部侧面为黄色，有几条粗的黑色斑纹，如图所示；六足黑色，胫节部分带锯；腹部红色，下半部分带有黑斑点。

雌虫腹部也是黄色，其侧面和下半部分都有黑色斑纹和斑点（见下页图）。其余跟雄虫相同。

画面采集自北京市昌平区白浮泉公园。

3.1.11 锥腹蜻

锥腹蜻个头属小型，外形比较特殊，很容易识别。其腹部自中部以后缩小成长锥状。雄性体色淡蓝，胸部褐色斑纹非常特殊；雌性黄褐色或绿褐色，黑色斑纹与雄性相同。

锥腹蜻别名粗腰蜻蜓。它们不善于飞行，常栖息于河流、池塘或沼泽地带。相关资料介绍，一般在江浙闽一带以及广西、云南才有发现，而我的画面采集自山东省济南市钢城区大汶河国家湿地公园。陈列于此作为参考，期待读者可以在北京发现锥腹蜻。

3.1.12　玉带蜻

玉带蜻个体大小属中型。身体呈褐色或黑色，翅基部具有黑褐色斑，腹部第3、第4节为白色，其中雌性白色腹节带有黄色。它们生活在林间的池塘、湖泊、沼泽等大面积静水环境周围。外表鉴别雄雌虫的方法：雄虫腹部局部白色，前额红褐色；雌虫腹部局部黄色，前额黄色。

玉带蜻具有极强的飞行能力，加速和急转弯速度极快。雄虫具有巡飞领地的常规活动，甚至把外侵的其他蜻蜓驱赶出领地区域。

画面采集自北京市昌平公园。

3.1.13　褐带赤蜻

褐带赤蜻全体黄褐色，翅略带黄烟色，最主要的特征是：前、后翅自2/3处起各有褐色纵带，带宽约为翅长的 1/5；复眼红褐色；前胸背部被密集短绒毛；合胸黄褐色或棕红色；六足黑色；腹部红色或橙黄色。

　　画面采集自北京市昌平区山区水系。

3.1.14　斑丽翅蜻

　　斑丽翅蜻又名彩裳蜻蜓。斑丽翅蜻是一种特别的蜻蜓，翅膀有琥珀色及深褐色夹杂的图案，常于池塘、沼泽和湿地附近出没。其飞行姿态带有凤蝶的舞姿风格。这个品种的画面，采集自广东揭阳。北方没有分布。

　　我曾经在北京市昌平区白浮泉公园，亲眼见证黑丽翅蜻掠过头顶，却再没有机会发现它。印象中，它体色全黑，复眼似乎略带红色，翅膀在阳光下有反光的闪亮黑色，前翅似乎只有一半是黑色。

3.1.15　"金蝉"脱壳

　　左图这种画面很难得到。因为这个过程一般都是在天亮之前就已经完成了。

　　它刚刚从稚虫的壳里钻出来，双翅都还没有伸展开来，腹部也没有伸直，体色也还未及改变。这个过程被称为羽化的过程。

　　这张照片是在北京市昌平区的白浮泉公园获得的。当时是 5 月 28 日清晨 5 点多一点，盛夏已临近。

　　下图中的它已经完成蜕皮过程的大半程，两对双翅已经伸展开了，腹部也变长了。这是在北京西山北温泉镇东埠头沟公园采集的。当时是 5 月 30 日，清晨 6 点多一点儿。

3.1.16　若虫壳

　　5 月末至 6 月上中旬是北京蜻蜓羽化进程比较集中的时段。在小河边、池塘旁的草丛里，不难发现蜻蜓蜕皮后留下的稚虫外壳。

　　这些稚虫还有一个名字：水虿（chài）。

　　大体型蜻蜓的水虿在水中要生活 7~8 年，经历最多达 14 次蜕皮成长。中等体型蜻蜓的水虿在水中也要 1~3 年，蜕皮 8~11 次。

　　水虿靠腹部内直肠鳃得到水中的溶氧，它的尾端会通过缓慢吸水、排水来呼吸。水虿发育成熟后，它的呼吸器官就发生了很大变化。一旦它在水里获得氧气越来越困难的时候，那它离开水面的时候就到了，转而爬到陆地的空气中来呼吸。

　　蜻蜓的呼吸是依靠腹部两侧的小小气门和里面的气管来实现的。

这是最常见到的发育成熟的水蚤。

3.1.17 捕猎

蜻蜓都是空中捕猎。所以它的猎物一定是飞虫。

图中蜻蜓嘴里有一只带翅膀的虫子，它在享用美餐。这个画面的来历有个小小故事：当时这只蜻蜓从我眼前急转弯后立即降落。我感觉有情况了，眼睛盯住它降落的位置，大约有 4m 远的距离。我一边盯住那个位置不放，一边迅速弯腰快速走两步，再改为极为缓慢的速度向那个方向靠近，并迅速搜索目标。很幸运，我找到它了。它给了我足够的时间去对焦。

画面告诉我们，当它捕获相对较大一点儿的猎物，三口两口根本吃不掉时，它会立即降落，稳稳地、慢慢地享用大餐。若是一只摇蚊，它会在空中就吃掉了。

另外，它在空中觅食，从来没有见过它对地面目标猎物的袭击。而当它正在枝头小憩时，有猎物飞过空中，它必迅即起飞捕猎，绝不放过。所以，它对静止目标的识别能力很差，或者说，它根本看不见。反而它的复眼对快速移动的猎物极其敏感。这所谓"动态视力"极强。

3.1.18 交尾

被钩住后脑勺的是雌虫。对雄虫来说，它的交尾部位在第1腹节下。它们这种状态甚至可以飞行，只是速度不快，飞行不远。

在合适的季节，去寻找这些交尾的镜头，也不是一件很容易的事。尤其在这种状态的时候，它们极其敏感。因为，它们的天敌如鸟儿、蜥蜴、蛇等都会趁此机会袭击得手。

更多见的一种情况是，它们钩在一起，一前一后在水面上飞行，和谐地完成起伏—降落、蜻蜓点水，雌虫产卵。

3.2 蟌（豆娘）

3.2.1 透顶单脉色蟌

这一只金属墨绿色的蟌，是在连云港渔湾拍到的。据说北京也有，到房山十渡的水系才会找得到。个头比较大，身长在 6.5~7.2cm。

它喜欢生活在很干净的山间小溪流域，那里的夏季，山谷翠绿。

3.2.2 日本黄蟌

这些日本黄蟌属中等体型。其通体呈浅橙红色，复眼黄绿色居多，身体没有其他色斑。

在绿色的草丛中比较容易发现它。但它比较警觉，很难靠近。我只有一个策略，那就是一大清早到达目的地，先仔细缓慢寻找。一旦发现，就以极其缓慢的动作靠近它，这样做成功率很高。因为此时天色刚刚亮，又是一天中气温最低的时候，而且往往露水很浓，它被露珠缠身，很不情愿移动。

这是在北京西山北坡脚下的东埠头沟公园拍到的。

3.2.3　长叶异痣蟌

　　长叶异痣蟌的身体为小至中型。它最明显的辨别标志是：复眼上半部分呈现黑色、下半部分是天蓝色，前胸背部黑色，并有两条纵向蓝色条纹；前胸侧面天蓝色；六足黑色与浅蓝色各半；腹部第 3~7 腹节背面是古铜色，第 8 腹节整体蓝色。这是雄虫。

这是一只雌虫。它身体的颜色是浅绿色，其余与雄虫一致。

这两只雄虫刚刚羽化完，体色还没有完全变成蓝色。

3.2.4　东亚异痣蟌

这两只是雌虫。通体橙红色，合胸背面具有较宽的黑色斑纹。胸侧面无斑纹，橙红色；腹部背面黑色，侧面黄色；翅透明。

这两只是雄虫。体淡绿色，前胸背面黑色斑块两侧还有两条细的黑色斑纹。侧胸淡绿色，有两条黑色斑纹，一条较粗，前后贯穿；一条很细很短。腹背黑色，腹部第8、第10腹节有蓝色斑点，第9腹节为蓝色。

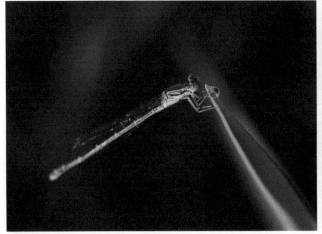

3.2.5　苇尾螅

苇尾螅身体属小型。主要区分标志：前胸深蓝色，甚至黑色，具白色粉末。雌虫合胸淡绿色，有浅蓝色细纹；腹部绿色；六足由黑色与蓝色构成。

3.2.6　隼尾螅

隼尾螅属小型。主要特征：复眼天蓝色或暗绿色，头部被细毛，合胸密被细毛，天蓝色，具黑色条纹。胸侧面有三条黑色斑纹，一条较粗前后贯穿，第2、第3条很细很短。腹部天蓝色，有黑色斑纹，腹部第8、第9腹节无黑色斑点，均为蓝色。

3.2.7　白扇蟌

白扇蟌身体属小型。雄虫主要特征：胸部被白霜，前胸侧面黄白色；腹部黑色，腹部第3~7腹节背面基部各具黄白色斑纹，第8~10腹节为黑色；中后足胫节侧扁延展极为明显，像腿上长出小扇子，呈灰白色。

这是在北京市昌平区山区的一条溪水旁偶然相遇而拍摄的。

3.2.8　七条尾螅

七条尾螅身体为中型。雌雄体色不同，雄虫身体为蓝色。雌虫复眼绿色，眼上半部具三角形色斑，色斑浅蓝色带黑色边缘。合胸背面前端有七条清晰可见的黑色斑纹；六足为绿色与黑色纵向相伴；腹部蓝绿色，背面有黑色斑纹。

3.2.9　捕猎

这三个画面，恰好捕获的猎物都是摇蚊。这是在河边拍摄的，水里滋生的摇蚊，正是螅的美食。

在傍晚的水边，常常会遇到一团一团的小飞虫迎面而至，那多半是这种摇蚊。它不会叮咬人，它们比较密集地空中飞舞，是在求偶交尾。摇蚊的稚虫在水中长大。生物学家研究发现，摇蚊稚虫在水中觅食成长，恰好改善了水质，消灭了许多水中的营养物质，包括有机物碎屑、藻类、细菌和水生动植物残体等。同时，这些稚虫又是小鱼、蝌蚪的美食。

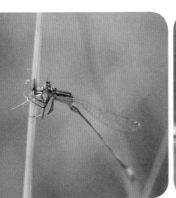

精明的猎手！它的嘴里正在享用一只猎物，而它的前足与中足还牢牢地抓住另两个猎物：一只木虱，另一只似乎是叶蝉。

　　这是唯一一个螅同类相残的画面。右边的杀手，已经把左边的头部、上半个胸部和六条腿给吃光了。

　　同类相残似乎是一个很残忍的行为。可我们真的不能用人类的社会伦理去衡量昆虫。它们只是大自然生物链中某一环某一节的某一点。它们只有适者生存，优胜劣汰。

3.2.10　交尾

　　这是白扇螅协同产卵和交尾的画面。

　　产卵图显示，雄性白扇螅正以空中悬停的方式钩住雌虫在水下产卵。

这是雄虫向雌虫求偶过程里成功的第一步。前面的那一只是雄性的。

它们正在交尾。雌虫的腹尾必须举到雄虫的第 2 腹节下方，交尾才获得成功。于是，螅交尾才造就了"倒心形"画面。

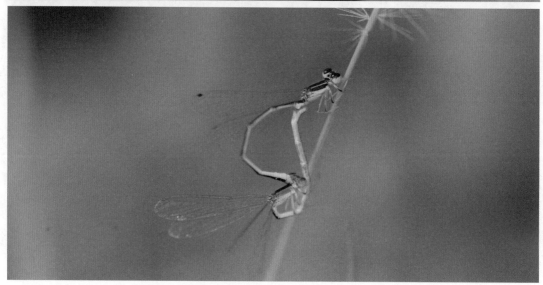

甲虫知多少

4

甲虫是鞘翅目昆虫的统称。这是一个非常庞大的昆虫家族，达 36 万种之多，是动物界分类中最大的目。它的主要特征是特殊的前翅已变成角质化的鞘翅，覆盖在能够飞翔的可折叠的膜质后翅上。除了海洋之外，任何高山、平原、河川、湖泊、沼泽、土壤里都有它们的踪迹。它们是完全变态的类群。

北京的西山上，十几年来我发现的个头较大的甲虫是锹甲和天牛，个头最小的是日本梨象甲，其圆圆的腹部直径不足 2mm。

西山上常见的一种锹甲叫褐黄前锹甲，大多为害榆树。山下村里的百姓叫它们"大夹子"。它们的卵产在树皮的裂缝里，并且是雌虫咬破树皮而制造的裂缝。孵化出来的幼虫就一直在树干里蛀食成长。成虫一般在 6 月下旬才出现，9 月中旬以后就渐渐消失了。

天牛里最大个的是桑天牛，体长可达 5.5cm。很偶然才能遇到一只。其突出特征是全身褐黄色体毛，鞘翅顶部有颗粒状突起。它的幼虫也蛀食树木，主要危害桑树、山核桃，还有刺槐、榆树、柳树、构树等。

桃红颈天牛是比较常见的一种，它们的体长 4.5cm，突出特征是全身黑色，唯有带刺的前胸背板是红色。其幼虫蛀食树木，主要危害桃树、杏树、樱桃树，还有杨树、栎树、柿树、核桃树等。

虎天牛是很特别的一种。它的个头小一些，体长不超过 2.5cm。其中有一种虎天牛的突出特征是：全身黑色，唯鞘翅上有"火"字样的白色斑纹。我曾称它为"最有文化的小虫"。它的幼虫也蛀食树木，主要危害杨树、柳树、榆树、桦树、椴树等。

象甲，延长的喙管像长鼻子的大象，于是称象甲。其实俗称就是象鼻虫。我国记录的有 1200 多种。

给我印象最深的是鸟粪象甲，学名叫臭椿沟眶象。其大小如一颗豌豆粒，黑褐白黄四色斑驳，鞘翅又呈网状凸突，恰似一小团鸟粪，而我看却更像一小块煤渣。它们依赖象鼻状突出口器，为害植物的根、茎、叶、花、果、种子、幼芽和嫩梢等。它们的多数幼虫还蛀食植物的花蕊和种子。

还有铁甲科里的甘薯蜡龟甲和金梳龟甲最能吸引我的关注。前者像一片棕黄色带黑斑的小孩子的指甲，鞘甲下隐藏着更微小的头、胸和腹；金梳龟甲的大小形状与甘薯龟甲相似，但神奇的是它覆盖身体的鞘甲几乎是透明的！

另一种长条状的小甲虫，两只眼睛挺大的，身上的颜色在阳光下折射出铜绿或棕铜的金属色，非常迷人，身长也不过 2.6cm 左右。开始我把它列入叩甲，后来感觉不对劲了，才知道它的名字叫吉丁虫。

这些身披盔甲的小精灵们，在满山尽绿的夏日里，只要你倾心关注，一定会找到它们的踪迹。

4.1　步甲科

这是一对白纹虎甲，属中等体型，身长 2cm 左右。一般有鲜艳的颜色和斑斓的色斑，具有金属光泽。虎甲常在山区道路或沙地上活动，当人们步行在路上时，虎甲总是飞到行人前面 2~3m 处。当行人继续向前走时，它又低飞到前面，好像在跟人们闹着玩，故有"拦路虎"和"引路虫"之称。

虎甲在盛夏的阳光下十分活跃。在地面上，它是世界上奔跑速度最快的昆虫。虎甲的捕食范围比较广，如蝗虫、蝼蛄、蟋蟀等害虫及其幼虫、较大卵块和蛹，还包括蜘蛛等。它们大多生活于地面，也有少数栖息于树上。

虎甲在我国已知有 120 多种。常见的有中华虎甲、金斑虎甲等。北京西山上有待发现，这是在山东省某地的随拍。

逗斑青步甲，体长 1.5cm 左右。体黑色，头及前胸背板具深绿色的金属光泽，鞘翅具墨绿色光泽，鞘翅端部各有一个粗弯钩形黄斑。主要捕食三化螟、稻纵卷叶螟等危害水稻等作物的害虫。其白天潜伏于土中，夜间活动，有趋光性。很少能够见到它。

大星步甲，体长 2.5~3.3cm 左右。通体黑色，具有金属光泽。触角 11 节。前胸背板两侧呈外弧型。每鞘翅有条沟 16 行。其主要捕食鳞翅目昆虫的幼虫，如杨树天社蛾、柳毒蛾等害虫的幼虫。

疑步甲，体长 2.5~3.5cm。通体充满金属光泽，颜色多变，一般从红到绿和从红到墨绿色为多，有些泛着褐色；鞘翅的刻点和突起较多。它有翅膀却不会飞，总在地面上活动。喜欢吃蜗牛、鼻涕虫等柄眼目的软体动物。

大星步甲和疑步甲都是在山东省济南市大汶河国家湿地公

园拍摄的。北京西山已有发现。

　　它的外形与色泽，有时候与拉步甲很相似，难以区分。

4.2 锹甲科

　　北京西山上只发现了一种锹甲，叫褐黄前锹甲。

　　这些是雄虫。别名：两点赤锹甲，北京当地村民叫它：大夹子。属大型昆虫。通体黄褐色至褐红色，头、前胸背板、小盾片和鞘翅边缘多为黑色或暗褐色；上颚端部、前胸背板中央色泽深，在前胸背板两侧近后角处有 1 灰黑色圆斑。它体长 20~43mm（不含上颚）。雄性上颚很发达，用来作战，极具领地意识。

　　这是雌虫。体型比雄性小一些，雌性的颚也很短小。北京西山上常在山间榆树上发现它。7 月中旬至 9 月上旬是它们活跃的季节。它们的幼虫在树木的韧皮层和木质层中蛀食生长，主要为害板栗、麻栎、梨树、榆树等。

这几个画面，显示了雄虫正在保护和守卫着雌虫，而雌虫正在护卫下寻找合适的位置，以咬破树皮，把卵产进破口的裂缝里。

　　对于雄虫，只坚守一个原则：保卫自己后代的母亲，保卫母亲们产卵不受干扰和侵犯。这是大自然铁律注入它生命里的神圣使命。

4.3 天牛科

4.3.1 桃红颈天牛

桃红颈天牛体长 3~4cm。通体黑色，有光亮；前胸背板红色，故称红颈；胸背面有 4 个光滑的疣突，具角状侧枝刺；鞘翅翅面光滑，基部比前胸宽，端部渐变狭窄。雄虫触角超过体长 4~5 节，雌虫超过 1~2 节。

这类天牛在北京西山上比较常见，多在榆树上被发现。7月上旬至8月下旬间比较活跃。

这是一只雌虫。它正在榆树的树干上啃咬一个洞，准备往小洞里产卵。资料介绍，卵经过 7~8 天孵化为幼虫，幼虫向下蛀食树干的韧皮部，当年生长至 6~10mm，就在此皮层中越冬。次年春天幼虫继续向下由皮层逐渐蛀食至木质部表层。至夏天体长 30mm 左右时，由蛀道中部蛀入木质部深处……再次越冬后到第 3 年春继续蛀害，4~6 月幼虫老熟时用分泌物沾结木屑在蛀道内作室化蛹。幼虫期历时约 1 年又 11 个月。

这种天牛主要危害核果类树木，如桃树、杏树、樱桃树、郁李树、梅树等，也危害柳树、杨树、栎树、柿树、核桃树、花椒树等。幼虫蛀入木质部，造成枝干中空，树势衰弱，严重时可使植株枯死。

4.3.2　桑天牛

桑天牛体长 3.5~5cm 左右。身体和鞘翅实际是黑色，但被黄褐色短毛覆盖，看上去是黄褐色。头顶隆起，中央有 1 条纵沟；上颚黑褐，强大锐利；触角比体稍长，顺次细小，柄节和梗节黑色，以后各节前半黑褐，后半灰白；前胸近方形，背面有横的皱纹，两侧中间各具 1 个刺状突起；鞘翅基部密生颗粒状小黑点。

桑天牛的卵同样要产在树皮的缝隙中。其幼虫在树干里经历 22~23 个月、期间包括两个冬季的生长，于第三年 4~5 月化蛹，蛹期约 4 周时间，然后于 7 月上中旬羽化为成虫。

其幼虫对桑树、无花果树、山核桃树，毛白杨树等危害最烈，其次为害柳树、刺槐树、榆树、构树、朴树、枫杨树、苹果树、海棠树、沙果树、梨树、枇杷树、樱桃树、柑橘等。

北京西山上并不多见。

4.3.3 光肩星天牛

光肩星天牛体长 2~4cm，漆黑色带紫铜色光泽，前胸背板有皱纹和刻点，两侧各有一个棘状突起；翅鞘上有十几个白色斑纹，基部光滑，无瘤状颗粒。

其幼虫同样在树干中打洞，啃食木质。1 年或 2 年 1 代。危害杨树、柳树、元宝柳树、榆树、糖槭树等。

北京西山上的光肩星天牛多在榆树上被发现，7 月中旬至 8 月底很活跃，比较常见。

4.3.4 虎天牛

虎天牛体长 1.5~2.5cm，身材属小型。北京西山上发现的似乎应该分为两种：一种通体淡黄色，肩部黄褐色带黑斑，鞘翅背部有黑色粗斑纹；另一种通体黑色，鞘翅背部有白色斑纹，斑纹构成汉字隶书体"火"字。于是我兴奋地把它叫做"最有文化的小虫子"！

西山山林茂密，严控的就是火，最忌的也是火！细看这虫子斑纹"火"字的上面还有一道横斑，那就是"灭"字了。

虎天牛的幼虫同样为害树木，是害虫。

4.3.5　榉白背粉天牛

　　榉白背粉天牛体长约 2.5cm，非常少见，北京西山上很偶然地发现过 3 次。

　　榉白背粉天牛通体白色；头部、肩部和鞘翅背部都带有稀少的黑色斑点；六足和触须的 1~2 节为棕褐色。

4.3.6　赤梗天牛

　　赤梗天牛体长 1.5~2cm，身材狭小。通体栗褐色，被灰黄色短绒毛；触须很长，超过了身体的长度。

4.3.7　苜蓿多节天牛

　　苜蓿多节天牛体长 1.5cm 左右。通体深蓝或紫蓝色带有金属光泽；触角黑色，自第 3 节起各节基部都有淡灰色绒毛；头、胸部刻点粗深，每个刻点伴生黑色长竖毛；鞘翅狭长，翅端圆形；翅面密布刻点，有半卧黑色短竖毛。

　　苜蓿多节天牛主要为害苜蓿。

　　这是在北京市延庆区北部山区偶然发现的。

4.3.8　麻竖毛天牛

　　麻竖毛天牛体长 1~1.5cm。体色变化大，从浅灰色到棕黑色都有。体表有浓密的细短竖毛。前胸背板中央及两侧共有 3 条灰白色纵向条纹。其取食大麻，棉花等植物叶片，是北京西山很常见的一种中小型天牛。

4.3.9 其他天牛

逐一分辨这些天牛并不容易。请读者，特别是昆虫研究爱好者给予细分并确认其名称。

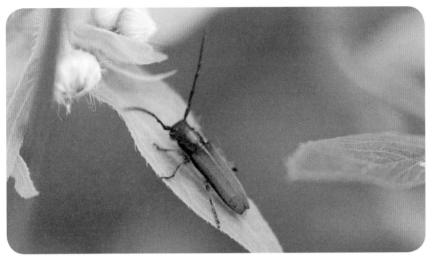

4.4　象甲科

4.4.1　大灰象甲

　　大灰象甲成虫体长 9~12mm，灰黄或灰黑色，密被灰白色鳞片；头部梯形，喙粗短，末端圆形；触角节膝状鞭节。其实它们有翅不能飞，主要靠爬行，行动迟缓。遇到紧急情况，一般会立即从枝叶上掉落草丛中不动，以装死躲避袭击。

　　它们有长鼻子一样的喙，吃东西的时候是钻进去吃的，即穿刺取食，还能为产卵钻孔。它们最喜欢吃枣树的嫩芽、新叶。其他如玉米、花生、马铃薯、辣椒、甜菜、瓜类、豆类、苹果、梨、柑橘、核桃、板栗等都在他们的食谱中。

　　其触须根部至眼睛下侧有一条黑色凹槽，这是因为它的触须生长在长喙的顶端两侧，当长喙钻进嫩茎时，其触须会嵌入黑色凹槽中被保护起来。

　　多数象甲还有一个显著特征，两前足腿节比较粗壮，中间凸起。很像人类胳膊上发达的肱二头肌。这是因为，当长喙钻进嫩茎取食时，需要强大的两只前足的反作用力。

　　这是一对大灰象甲在进行交尾。资料介绍，一般它们在 5 月下旬开始交尾、产卵，约一个月后卵孵化出幼虫。随季节变化，幼虫逐渐转移地下，取食腐殖质和须根。9 月下旬天气冷了，它们钻入地下 6~10cm 打洞越冬。来年春天幼虫爬上地面生活，6 月下旬化蛹，2~3 周后羽化为成虫，当年的成虫原地越冬。这是它们的生命周期。

　　下图是一份罕见的记录。画面上，两只正在交尾的背上又多了一只。北京西山上最常见这种大灰象甲。

4.4.2　臭椿沟眶象

臭椿沟眶象这个名字太复杂，还有个俗称：鸟粪象甲。是不是很形象？其身长 9~12mm。外观形象和颜色特征如图，不再描述了。这种象甲同样有遇袭装死的功能。

资料显示，沟眶象 1 年 1 代，以幼虫和成虫的形态在根部或树干周围 2~20cm 深的土层中越冬。以幼虫越冬的，次年 5 月化蛹，7 月为羽化盛期；以成虫在土中越冬的，4 月下旬开始活动，5 月上中旬为第一次成虫盛发期，7 月底~8 月中旬为第二次盛发期。成虫有假死性，产卵前取食嫩梢、叶片补充营养，为害 1 个月左右便开始产卵，卵期 8 天左右。初孵化幼虫先咬食皮层，稍长大后即钻入木质部为害，老熟后在坑道内化蛹，蛹期 12 天左右。

这种昆虫在北京西山上虽不多见，却能够找得到。

4.4.3　柑橘灰象甲

柑橘灰象甲通体密被淡褐色和灰白色鳞片；头管粗短，背面漆黑色；每鞘翅上各有 10 条由刻点组成的纵行纹，行间具倒伏的短毛，鞘翅基部灰白色；无后翅，就是说它只有一层鞘翅覆盖腹部，没有可飞行用的后翅，所以它只会爬行。

图中的象甲，正在把长喙插入草梗中取食。

这种象甲在北京西山不太多见。

4.4.4　筒喙象甲

筒喙象甲成虫体长约 1cm，呈纺锤形，全体黑色，表面密被翠绿色、绿色、黄绿色、金黄色、灰白色及橙红色绒毛，原体黑色被掩盖了。它们主要为害大豆、油菜、草莓、菜豆、豇豆等植物。

左下图中的筒喙象甲正在茎秆上撕开一个小洞，可能要准备产卵了。

4.4.5　梨象甲

梨象甲体长 12~14mm，暗紫铜色有金属闪光，头管长与鞘翅纵长相似。

这种昆虫为害植物为梨树、苹果树、花红、山楂树、杏树、桃树。成虫食害嫩枝、叶、花和果皮果肉，梨果实被害部愈伤呈疮痂状俗称"麻脸梨"。成虫产卵前后咬伤产卵果的果柄，致产卵果大多脱落；没脱落的产卵果在幼虫孵化后于果内蛀食多会皱缩脱落，不脱落者多成凹凸不平的畸形果。

我在北京西山上只见过两次，或应该去果园里寻找。

4.4.6　日本梨象甲

下图是在山东省济南市钢城区大汶河国家湿地公园发现的。体型很小，腹部最宽也不超过 2.5mm。

下页图里那两只小象甲叠起来的身体厚度也不过 3mm，非常小。它们是在北京西山扁担杆的花蕊上发现的。

4.5　金龟科

4.5.1　脊绿异丽金龟

脊绿异丽金龟属丽金龟科。脊绿异丽金龟通体绿色，有金属光泽；腹面黄褐色；鞘翅密布纵脊纹。它体长 12.5~16mm，主要分布于北京市。

它们是为害多种果树、林木和旱地作物的杂食性甲虫。

4.5.2　中华弧丽金龟

　　中华弧丽金龟成虫体长 7.5~12mm，体色多为深铜绿色，有金属光泽；鞘翅浅褐至草黄色，四周深褐至墨绿色；六足黑褐色；触角9节呈鳃叶状，棒状部由3节构成。

　　其成虫食性很杂，可取食30多种植物。幼虫严重为害花生、大豆、玉米、高粱等农作物。

4.5.3　短毛斑金龟

　　短毛斑金龟体长 1cm 左右，通体遍布浅黄褐色、黑色或栗色长绒毛；鞘翅比较短宽，通常每翅有 3 条横向黑色或栗色宽带斑。

　　北京西山并不多见。

4.5.4 棉花弧丽金龟

棉花弧丽金龟又名无斑弧丽金龟、黑绿金龟。体长 1~1.5cm。为害月季、紫藤、葡萄、大丽花、金盏菊、蜀葵等。

4.5.5 其他花金龟

请读者自行分辨这些金龟的准确名称和来历。发现容易辨别难。

4.6　瓢虫科

4.6.1　七星瓢虫

　　七星瓢虫成虫体长 5~7mm；身体卵圆形，背部拱起像扣着的水瓢；头和复眼均黑色，触角褐色，前胸背板黑，前上角各有 1 个较大的近方形的淡黄斑块；鞘翅红色或橙黄色，共有 7 个黑斑；翅基部在小盾片两侧各有 1 个三角形小白斑。

　　它们主要以蚜虫为食，秋天还常常取食当季开花植物的花粉，是益虫。

4.6.2 异色瓢虫

异色瓢虫和七星瓢虫并列为瓢虫科中的代表性物种。与七星瓢虫不同的是其体色变化性大，有黑底 2 个红斑、黑底 4 个红斑、红与黄色多图样多斑点等，体长约 7mm。

它们具有较宽的捕食范围，可捕食蚜虫、螨和介壳虫等同翅目昆虫以及鞘翅目、膜翅目、双翅目和鳞翅目的昆虫，主要以捕食蚜虫为主。

利用瓢虫科昆虫控制有害生物（害虫）已经有将近 120 年的历史，异色瓢虫作为捕食性瓢虫的一员，在其引入地及原繁育地都发挥了重要的控害作用。异色瓢虫对蚜虫、叶螨、介壳虫等重要害虫具有很强的捕食能力，这一特性，在全世界农业生产中被广泛应用。

4.6.3 奇变瓢虫

雌虫体长可达 1cm。它们的捕食对象是蚜虫，特别是棉蚜。

4.6.4 龟纹瓢虫

龟纹瓢虫体型小，体长不超过 5mm。主要取食棉蚜，也取食麦蚜、玉米蚜、菜蚜等。这种瓢虫 1 年 5~8 代。

4.6.5 十三星瓢虫

十三星瓢虫体长 6~8mm。其幼虫和成虫都捕食各类蚜虫，特别是棉蚜、槐蚜和麦长管蚜等。十三星瓢虫是益虫。

4.6.6　菱斑食植瓢虫

菱斑食植瓢虫体长 1cm 左右。其取食茄性的龙葵、茄，也取食葫芦科的瓜类。

4.6.7　瓢虫捕食

右图是一个异色瓢虫捕食木虱的画面。

4.7　郭公虫科

中华食蜂郭公虫成虫体长 2cm 左右，深蓝色具光泽，有时目测像是黑色；体、足均被白色软长毛；头部黑色，触角 11 节，丝状，端部 3 节膨大；前胸背板深蓝色，倒梯形，后缘收缩似颈；鞘翅密布细小刻点，有 3 条红黄色的横向斑带。主要捕食其他小昆虫。

北京西山上并不多见。

4.8 红萤科

赤喙红萤属于红萤科，我国记载有 60 余种。赤喙红萤类似萤火虫，却不会发光，但比萤火虫大些，体长 2cm 左右；虫体有色彩，大多是红色；翅鞘均具有明显纵向隆起条纹。红萤会放出有毒气体以躲避掠食者。

其幼虫生活于树皮下或土壤中。成虫和幼虫均为捕食性。

北京西山上很少见到。

4.9 铁甲科

　　甘薯蜡龟甲体长约 1cm，身体形状很像一个极小的盾牌。因其成虫和幼虫喜欢吃甘薯叶子，由此得名甘薯蜡龟甲。前胸背板和两鞘翅向外延伸的部分为黄褐色半透明，有网状纹，其余部分暗褐色；两鞘翅上有黑褐色的斑块，头部往往隐蔽在前胸背板下面。

　　北京西山上经常能够在野生牵牛花的叶子上发现它。

　　金梳龟甲体长 1~1.6cm。体呈卵圆形，棕黄至棕红色；背面中部隆起，周边平坦，边缘色淡透明，稍有翘起；身体闪金光，非常漂亮。

　　资料说明，它们以旋花科、马鞭草科、木兰科植物的叶子为食。

　　这两只金梳龟甲是在北京西山上发现的，只发现过 2 次。

4.10 叶甲科

4.10.1 黄栌胫跳甲

黄栌胫跳甲又称黄点直缘跳甲或黄斑直缘跳甲，是危害黄栌的主要害虫之一。

它只有 6~8mm 身长。1 年 1 代，它和幼虫都以黄栌叶子为食。北京西山的某一年份，满山坡的黄栌受害很重，大半树叶被这种虫子吃光了。

4.10.2 榆绿毛萤叶甲

榆绿毛萤叶甲体长 7~8.5mm。华北地区 1 年 2 代。主要为害榆树，严重的年份，成虫和幼虫会把叶子啃得只剩下一个叶脉网。

北京西山很常见的害虫。

4.10.3　核桃叶甲

核桃叶甲体长 5~8mm，体极扁平。其成虫和幼虫群集为害核桃树、核桃楸、枫杨等，受害叶呈网状，很快变黑枯死。1 年 1 代。

4.10.4　榆黄毛萤叶甲

榆黄毛萤叶甲，其幼虫是很有名的害虫：榆黄金花虫。北京西山村民叫它"榆树虱子"。其为害榆树，是北京西山很常见的害虫。1 年 1~2 代。

4.10.5　十星瓢萤叶甲

十星瓢萤叶甲又名葡萄十星叶甲、葡萄金花虫。其外观与瓢虫非常相似，体长 1.2cm。啃食叶片、嫩芽，主要为害葡萄、野葡萄、乌蔹莓、爬墙虎等。

4.11　肖叶甲科

4.11.1　黑额光叶甲

　　黑额光叶甲体长约7mm，很小；植食性。北京西山比较常见。主要为害玉米、粟、白茅属、蒿属等，取食叶片，将叶咬成一个个的孔洞或缺口。

4.11.2 甘薯肖叶甲

甘薯肖叶甲体长 5~6mm，体色变化较大，有青铜色、紫铜色、绿色、蓝色、蓝黑色等。主要为害甘薯、蕹菜、棉花、小旋花等。

4.11.3 中华萝藦肖叶甲

中华萝藦肖叶甲体长 7~13.5mm，体粗壮，长卵形，为金属蓝或蓝绿色、蓝紫色。西山很常见，为害植物主要是蕹菜、雀瓢、黄芪属、罗布麻属、曼陀萝、鹅绒藤等。

4.12　叩甲科

　　叩甲体型狭长，体长约 2.5cm。触碰它，它会立即仰卧在地上装死。一旦别的大虫子捉住它，它会发出"叩叩"声，故此得名，俗称：叩头虫。

　　其幼虫在地下生活，吃植物种子、根和地下茎。成虫在嫩枝上吸食树汁。

　　北京西山上比较常见。第一幅图为黑梳爪叩甲，第二幅图为二瘤槽逢叩甲。

4.13　吉丁虫科

　　白蜡窄吉丁别名花曲柳窄吉丁。其体型狭长，与叩甲相似，体长约 3cm。通体有金属光泽，孔雀绿或古铜色居多。吉丁虫为一类重要的钻蛀性害虫，活着的树木、伐倒的林木均能被害。

　　北京西山上偶有发现。

4.14 拟步甲科

朽木甲属中等体型，体长 1.5~2cm，通体黄色。成虫常见于各种花或叶上，幼虫生活在朽木或腐殖土中。幼虫会为害植物根部，成虫往返于花之间，有传粉作用。

这种甲虫在北京西山很常见。

4.15　花萤科

　　褐异花萤体长 1.5cm。它既取食花粉和花蜜，又捕食其他昆虫幼虫。

4.16　露珠下的甲虫

　　盛夏开始，清晨露水缠身的甲虫。这是夏至后三五天跟踪的情景，是在北京市海淀区东埠头沟公园的河边拍摄的。

蝽象的世界

半翅目的昆虫里又分为三个亚目，其中异翅亚目属下的所有昆虫总称叫蝽象。所以它们的名字里总有一个蝽字。

它们的突出特征是：前翅基半部革质加厚，端半部膜质，同一个翅两种不同质地成为半鞘翅，半翅目的名称由此而来。所谓异翅亚目名字中的"异翅"，指此亚目下昆虫的前后翅并不相同。前翅是半鞘翅，基部革质，端部膜质；而后翅是全膜质。

我国已知椿象种类约500多种。多数种类是植食性，成虫、若虫将针状口器插入嫩枝、幼茎、花果和叶片组织内，吸食汁液，造成植株生长缓滞，枝叶萎缩，甚至花果脱落；小部分种类是肉食性，以鳞翅目、鞘翅目的幼虫（小青虫小毛虫等）和蚜虫、叶蝉、蜡蝉、角蝉等为猎捕对象。蝽象的口器都是刺吸式的，形成长喙状，适于刺吸植物汁液或动物体液。

此类昆虫有臭腺孔，能分泌臭液，在空气中挥发成臭气，所以又有"放屁虫""臭板虫""臭大姐"等俗名。山脚下村里的百姓叫它们"臭板子"。蝽象施放臭腺，这是它们在紧急状态下的自卫手段。比如受到鸟类或蜥蜴的致命威胁时，它们才使用这一绝招。

我所看到过的北京西山上最美丽的昆虫，竟然是蝽象里的菜蝽，又称河北菜蝽。除了头部黑色外，背上的前胸背板和前翅全部以黑色为基色，其余的橙红色或橙黄色斑纹以纵向母线为准，两侧对称布置，如同微观的京剧脸谱，很是壮观！但它们是害虫，若虫和成虫都为害十字花属的蔬菜，如甘蓝、花椰菜、白菜、萝卜、油菜、芥菜等。

神奇的是，数年前的国外旅游，竟在西班牙马德里的公园里，惊喜地发现了与北京西山上几乎背板图案完全一致的菜蝽！

另一种赤条蝽，看上去就像穿了"病号服"，也很迷人。关于它的镜头是在山东省济南市钢城区的大汶河国家湿地公园拍摄的。

还有一个意外收获，我发现了一种很少见的善于伪装的猎蝽。有一天，一个酸枣大小的"草球"在移动，引起我的瞩目。细细观察，竟是一堆蚂蚁残躯的外壳。可这一堆外壳下，竟露出了猎蝽的前足和触角，那些蚂蚁外壳，是它的战利品。当它捕获蚂蚁后把蚂蚁吸食空了，就把剩下的外壳一点点粘在了自己背上。它大部分时间都在地面、草丛和树干上活动。当它停下不动时，很难发现它。

我原本以为，蝽象里只有猎蝽是捕食性的，其实还有姬蝽、益蝽、小花蝽、蓝蝽等都捕食其他蝶蛾类昆虫的幼虫。我记录了它们捕食叶甲、叶蝉、小青虫等的画面。

后来知道，生物学家和相关专业人员一直在努力研究的一个重要课题，就是捕食性蝽类作为生物防治的意义和可行性。

另外，西山上的金绿宽盾蝽有漂亮的金属光泽，有浅绿色、墨绿色到孔雀绿，非常美丽，可它的若虫却是黑色加白色条纹。

西山上总会发现在蝽象名下的各种蝽，甚至躲也躲不过。它们是常见昆虫里的一大类群。蝽象的天敌是红树蚁、寄生蜂、螳螂、蜘蛛，它们不怕臭气。螳螂刀下和蜘蛛网上均可见蝽象的遗体。

回头看，我的最大感触是：我原来只略有所知的"臭大姐"竟是一个非常庞大的大家族。菜地里、山林间、草丛中、水面上，到处都有它们的身影。吃素的、吃荤的、荤素通吃的，各路全有。

很多一起爬山运动的老年山友们都曾问我，你拍的是些什么虫子啊，叫什么名字？他们大多兴趣不在此处。我只好简短地随口回答："'臭板子'的表亲呢！"

5.1 蝽科

5.1.1 菜蝽

菜蝽又名河北菜蝽。卵圆形，体长 6~9mm。

其成虫及若虫为害甘蓝、花椰菜、白菜、萝卜、油菜、芥菜等十字花科蔬菜，因此得名菜蝽。

资料介绍，华北地区 1 年 2 代，以成虫的形态在地下、落叶枯草中越冬。

十几年前，我在北京一个小公园里无意中发现了它，把我惊呆了！我真不知道会有这么美丽的虫子……我当即给它起名叫"脸谱甲虫"！非常像一个微型的京剧脸谱，而我当时不知道它不属于甲壳虫。

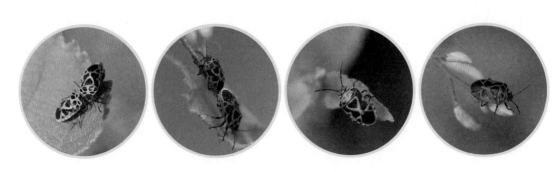

这是河北菜蝽的若虫。

5.1.2　横纹菜蝽

横纹菜蝽，卵圆形，体长 6~9mm。身上的斑纹与河北菜蝽有所区别。其成虫和若虫同样为害与河北菜蝽大致相同类别的蔬菜，基本习性也与河北菜蝽相同。

5.1.3　斑须蝽

斑须蝽别名细毛蝽、斑角蝽。体长 8~13mm，呈黄褐色或紫色。全身密被白绒毛，触角黑白相间。植食性，成虫和若虫刺吸嫩叶、嫩茎及穗部汁液。

右图是一个难得的斑须蝽正在刺吸一粒嫩草种的镜头。

5.1.4 茶翅蝽

茶翅蝽俗称：臭板虫、梨蝽象。短圆盾牌形，体长 1.2~1.6cm。北京 1 年 1~2 代。它的食性比较杂，据统计可为害 300 多种植物，主要包括梨、苹果、桃、樱桃等果树，也为害大豆、菜豆、甜菜、番茄、辣椒、黄瓜、茄子蔬菜。茶翅蝽在不同的生活阶段喜食不同的植物。

茶翅蝽成虫越冬。国庆节前后天气凉了，它们就喜欢飞到房前屋后，设法从窗缝里、门框边钻进室内过冬。是北京西山上很常见的一种昆虫。

这两幅图是若虫。左图是刚刚从卵壳里爬出来的小若虫。

生物防治中"以虫治虫"的方法，对抑制茶翅蝽对农作物和林木的危害有很大作用。茶翅蝽的寄生性天敌主要是卵寄生蜂。人们可以繁殖和适时放生针对性的寄生蜂，它们会主动找到茶翅蝽刚产下不久的卵，把自己的卵像用针管一样注入蝽卵内。寄生蜂卵很快孵化，并在营养充足的茶翅蝽卵内长大。

5.1.5 珀蝽

珀蝽别名朱绿蝽、米缘蝽、克罗蝽。体长 8~12mm。长卵圆形，有光泽。头部和前胸背板都是鲜绿色。

植食性。其为害水稻、大豆、菜豆、玉米、芝麻、茶、柑橘、梨、桃、柿、李、泡桐、马尾松、枫杨等。北京西山上很常见。

5.1.6 赤条蝽

赤条蝽体长 1~1.2cm。身上斑纹像"病号服"。1 年 1 代。主要为害胡萝卜、茴香等伞形花科植物及萝卜、白菜、洋葱、葱等蔬菜，也可为害栎树、榆树等。

它们在山东省济南市大汶河国家湿地公园里被发现，在北京西山有待探查。

5.1.7　二星蝽

二星蝽体长 4.5~6mm。为害麦类、水稻、棉花、大豆、高粱、玉米、茄子、桑树、无花果等。其成虫和若虫以吸食植物的茎秆、叶穗部汁液为生。

5.2　长蝽科

5.2.1　红脊长蝽

图中的红脊长蝽体长 1cm。身上红色，有黑色大斑块。主要为害瓜类蔬菜。成虫和幼虫群集于嫩茎、嫩瓜、嫩叶等部位，刺吸植物的汁液。北京西山上它们主要为害萝藦。

左图中两只小的是若虫。

5.2.2　横带红长蝽

　　图中的横带红长蝽体长 1.3~1.5cm。1 年 1~2 代。成虫有群集性。主要为害白菜、油菜、甘蓝等十字花科的蔬菜。

　　北京西山最常见的一种蝽，多群集于萝藦这类藤条植物上。

5.3　猎蝽科

5.3.1　淡带荆猎蝽

　　淡带荆猎蝽是真正的蚂蚁杀手。为了能让蚂蚁成为自己不中断的午餐，它练就了伪装绝活——"蚁尸装"。它捕捉蚂蚁，用针状口器吸食后，蚂蚁只剩下一个躯壳，用来粘在身上，伪装自己。

　　因为有这样的绝妙装扮，淡带荆猎蝽不仅能猎杀蚂蚁，而且能成功逃过鸟、蜥蜴和蜘蛛等天敌的猎捕。更令人叫绝的是，即使不幸被抓住，猎蝽也会施展"金蝉脱壳"之计，抛掉"外套"并迅速钻进石缝里逃之夭夭。

　　第三幅图是它没有伪装的本来面目，却也粘了一些砂子在身上。

最后一幅图也许它刚刚完成一次蜕皮，颜色鲜艳，头部和肩部比较清晰。

1000 多年前，唐代文学家柳宗元曾写下传世的寓言《蝜蝂（音：fù-bǎn）传》。其中开篇："蝜蝂者，善负小虫也。"蝜蝂是一种喜爱背东西的小虫，说的就是它吧。

5.3.2　异赤猎蝽

异赤猎蝽又名黑红赤猎蝽，体长 1~1.3cm。主要捕食蝶蛾类幼虫、甲虫幼虫、叶蝉等。有的资料介绍说它是马陆杀手，喜欢吃马陆。马陆也叫千足虫。

5.4 姬蝽科

暗色姬蝽，体长 8mm 左右。捕食性，主要捕食蚜虫、叶蝉、稻飞虱、蓟马等。

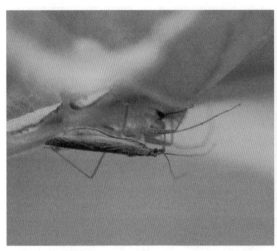

5.5 盲蝽科

盲蝽科是半翅目中最大的一个科。除了树盲蝽亚科以外，其余无单眼的陆生蝽类，统称为盲蝽。

大部分是在北京西山下的东埠头沟公园里发现了它们。

5.5.1 条赤须盲蝽

条赤须盲蝽体长 5~6mm，体型狭长，通体浅绿色。主要危害谷子、高粱、玉米、麦类、水稻等禾本科作物以及甜菜、芝麻、大豆、苜蓿、棉花等作物。它还是草原害虫，危害禾本科牧草和饲料作物。

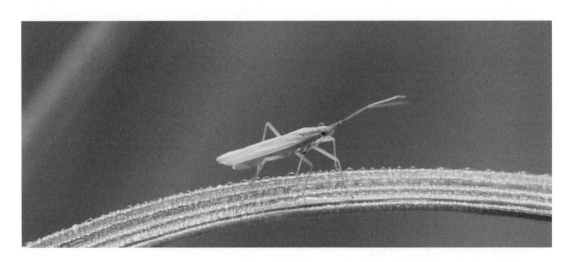

5.5.2 中黑苜蓿盲蟓

中黑苜蓿盲蟓曾用名为中黑盲蟓。体长 5.5~7mm。主要为害苜蓿草、紫云英类植物。

5.5.3 绿盲蟓

绿盲蟓别名花叶虫、小臭虫，体长 5mm 左右，是棉花产区的重要害虫。其为害桑树、枣树、葡萄、麻类、豆类、玉米、马铃薯、瓜类、苜蓿、蒿类、十字花科蔬菜等。

5.5.4 赤条纤盲蝽

左图为赤条纤盲蝽。

5.5.5 红脉狭盲蝽

右图为红脉狭盲蝽。

5.6 缘蝽科

5.6.1 广腹同缘蝽

广腹同缘蝽体长 13~15mm。其显著外形特征是：腹部过宽，其左右两侧露出翅外。植食性，主要危害豆科植物和禾本科植物，偏喜取食植物的果实和种子。

5.6.2 刺肩普缘蝽

刺肩普缘蝽体长 9mm 左右。植食性，主要危害水稻、苋菜、玉米、大豆等。

5.6.3 宽棘缘蝽

下图为宽棘缘蝽。

5.6.4 稻棘缘蝽

右图为稻棘缘蝽。稻棘缘蝽和宽棘缘蝽的体长均 9mm
左右。主要危害水稻、苋菜、玉米、大豆等。

5.6.5 棒蜂缘蝽

棒蜂缘蝽别名细腰缘蝽、豆缘蝽，体长 1.5~1.8cm，是
北京西山上很常见的一种缘蝽（见下页图）。

主要为害大豆、蚕豆、豇豆、豌豆、丝瓜、白菜等蔬菜，以及水稻、小麦、棉花等农作物。特别是其吸食豆类嫩芽、嫩茎和豆荚，会造成很大危害。

左图是棒蜂缘蝽的若虫。

5.7　盾蝽科

　　金绿宽盾蝽，体长 1.5~1.8cm。通体金色＋草绿，或金色＋孔雀绿，并在全身背部布有金黄色或橙黄色的斑纹。这是成虫的模样，它们是北京西山上很常见的一种偏大型的蝽。

下图是金绿宽盾蝽若虫的画面。体型小一些，颜色与成虫差异很大。它们属于植食性，喜吸食果实，如构树果、山桃等。

5.8　红蝽科

曲缘红蝽体长 9~13mm。取食植物的果实和种子，特别是锦葵属植物的种子。

5.9　跷蝽科

　　从以下三张图片可以看出，锤胁跷蝽身体非常细小，腿特别长，像踩高跷一样，所以叫跷蝽。目测它的体长只有 4~7mm。只有在大一些的树叶上才会发现它。它既吸食植物汁液，又捕食蚜虫、蓟马等小虫。生物学家和专业研究人员，正在对它的捕食性功能开展研究。

 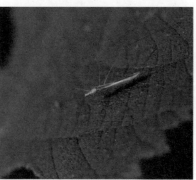 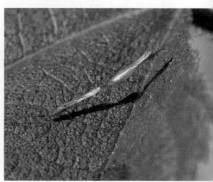

5.10 蟭的捕食行为

被捕的猎物是甲虫。

被捕的猎物是小青虫和毛虫。

被捕的猎物是叶蝉。

5.11 两种卵及小若虫

请读者查找卵的来源和小若虫的名称。

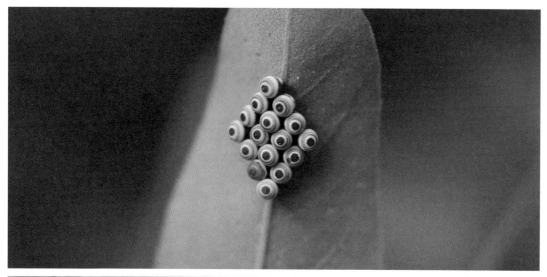

蝶与蛾的故事

鳞翅目下所有的昆虫俗称蝴蝶和蛾子。这是一个仅次于鞘翅目甲虫的庞大类群。世界上已知有 20 多万种,我国已知 8000 多种。属于完全变态类群。它们的幼虫绝大多数陆生,植食性,为害各种植物。

它们的形态特征:虹吸式口器;膜质两对翅上长有鳞毛,并组成特殊的斑纹。极少数无翅或短翅,故称鳞翅目。

北京西山上常见的有 5 个蝶科的蝴蝶,而蛾子可辨认的有十几种。

蝴蝶里最多见的是蛱蝶和灰蝶,其次是粉蝶和弄蝶,凤蝶并不多见。蛱蝶中黄钩蛱蝶是最多见的一种,其次是中环蛱蝶。盛夏里,在林间小路、山顶灌木丛很容易遇到它们翩翩飞舞的身影。

草丛里的小灰蝶,有的橙红,有的淡蓝,有的深灰,有的浅粉,都很美丽。清晨去小河边,在它们似乎还没有醒来的时候,很容易接近。

杏黄、奶白以及带浅灰色斑纹的白色粉蝶也很常见。山脚下、河水旁就更多一些。大多数粉蝶的幼虫都是蔬菜的害虫。

有时会在不经意间与柑橘凤蝶偶然相遇。它双翅上黑白相间的美丽花纹非常引人注目。丝带凤蝶则是几年里偶尔会遇到一次或几次,几乎都是在近乎山顶的位置。

西山上曾经遇到过的绿尾天蚕蛾,其两双翅呈粉绿色,后翅尾突较长,身体雪白,六足橙红色。非常美丽,如同一位仙女。可惜找到它的机会很少,近三年再也没有见到它了。

长喙天蛾,很晚了我才知道它的这个名字。少年时在农村,遇到它来了,会顺手在院子里采一朵葫芦花,手指轻轻地捏在花朵的喇叭杆外面,举起来别动,这蛾子会很快飞过来,把它细细的长鼻子伸到花底采蜜,我就手指一捏,捉住它的长鼻子,它飞不掉了……孩子们都叫它"葫芦蜂"。现在才知道,它竟然是一种天蛾。它飞行迅速,找到花朵会快速悬停在那里采蜜。

旋目夜蛾双翅上的斑眼花纹非常醒目，足够吓退来袭的鸟儿。我在一次小旅行的途中，在北京市延庆区东北部的山里偶遇过。

我今年第一次在西山上发现了松毛虫的蛾子。当时不认识它，它会装死，怎么摆放姿态它也不动。回来仔细一查，才知道是马尾松的大敌——松毛虫。

美国白蛾是个外来物种。但它已经在西山被发现了。它会为害桑树、法桐树、榆树、枫杨树等。

白杨透翅蛾非常像一只黄蜂。可它的腿、腹部和尾部怎么会有毛呢？其实它是一只蛾子，但确实不像一只蛾，连翅膀都不像。

蝶与蛾的世界里有很多奥秘。真的需要耗费功夫去认识它们、了解它们、熟悉它们。因为它们就在我们的身边。

当然，它们也历史久远着呢。回头看，我国古人早有对这类小昆虫的歌咏：

《咏素蝶诗》

［南北朝］刘孝绰

随蜂绕绿蕙，避雀隐青薇。
映日忽争起，因风乍共归。
出没花中见，参差叶际飞。
芳华幸勿谢，嘉树欲相依。

《江畔独步寻花·其六》

［唐］杜甫

黄四娘家花满蹊，千朵万朵压枝低。
留连戏蝶时时舞，自在娇莺恰恰啼。

《蝶》

［宋］释行海

三三两两舞春暄，玉翅香须更可怜。
拂草巡花情未定，又随风絮过秋千。

《醉中天·咏大蝴蝶》

［元］王和卿

弹破庄周梦，两翅驾东风，

三百座名园、一采一个空。

谁道风流种，唬杀寻芳的蜜蜂。

轻轻飞动，把卖花人搧过桥东。

6.1　凤蝶科

6.1.1　柑橘凤蝶

柑橘凤蝶的虫体和翅的颜色会随季节而有所变化，翅上花纹呈黄绿色或黄白色。翅展可达 9~11cm。春型稍小些，翅展 7~7.5cm，夏型则 8.5~10cm。

关于春型与夏型的知识：

昆虫是通过物理方式来平衡自身体温与外界温度之间差异的。体色深可以吸收较多的阳光辐射，促使体温增高；而体色浅能反射部分阳光辐射，于是就不会吸收过多热量。春季气温偏低，所以春季来到山间的蝴蝶们色泽较深，称之为春型蝶类；而夏季气温高，因此夏型蝶类体色较浅。

资料介绍，柑橘凤蝶的幼虫为害植物包含黄檗属、柑橘属的植物；芸香科的枸橘、樗叶花椒、光叶花椒、吴茱萸等。

北京西山上每年总有机会碰到它，虽然次数不多。我的印象里，它作为最美丽的蝴蝶在山里排名：前三！

6.1.2　丝带凤蝶

丝带凤蝶又名软凤蝶、马兜铃凤蝶，翅展 4.2~7cm。
雌雄异色。

雌蝶，其翅颜色以黑色为主，间有黄白色、红色和
蓝色的条纹。雄蝶，翅的颜色以黄白色为主，也有黑色、
红色和蓝色的条纹。

分为春、夏两型，春型蝶都略小于夏型，体色比夏
型略深。

在北京西山上，它们出现于 5~9 月，飞翔轻缓，常
常迎风滑翔。有时几只在一起轻舞。其幼虫取食马兜铃。

最美蝴蝶在山里排名：第二名。

6.1.3　黑凤蝶

黑凤蝶，翅展 8~9cm，翅膀表面几乎全部黑色。雌雄差异在于：雄蝶下翅表面前缘具
白色条状横斑；雌蝶则无，且翅膀颜色较淡。

其幼虫主要为害芸香科的植物以及柑橘等。

图片拍自北京市昌平区白浮泉公园。仅此一例，非常罕见。

6.1.4 金凤蝶

金凤蝶又名黄凤蝶、茴香凤蝶、胡萝卜凤蝶,翅展9~12cm。它的观赏价值高过柑橘凤蝶,有"昆虫美术家"的雅号。

其幼虫以伞形花科植物(茴香、胡萝卜、芹菜等)的花蕾、嫩叶和嫩芽梢为取食对象。
图片拍自辽宁省大连市,北京市西山也有,但未有机会拍下。

6.2 蛱蝶科

6.2.1 黄钩蛱蝶

黄钩蛱蝶又称黄蛱蝶、金钩角蛱蝶,翅展4.5~6.2cm,中型蝶。
其幼虫食性杂,有芸香科的柑橘属,蔷薇科的榆属、梨属等。
北京西山上最常见,也是春天里最早出现的一种蝴蝶。

6.2.2　老豹蛱蝶

老豹蛱蝶，翅展 7.5~9.2cm，比较大型。翅上有华丽的橘黄色和黑斑，如同豹纹一般。北京西山上虽不多见，却总能发现它。飞行迅速，敏感性强，靠近它很不容易。

6.2.3　中环蛱蝶

中环蛱蝶，翅展 4~5cm。别名：豆环蛱蝶、琉球三线蝶、扬眉线蛱蝶。幼虫以蝶形花科、豆科、榆科、蔷薇科等植物为食。

北京西山上很常见的一种蝶，往往跟在人前人后，飞飞停停。

6.2.4　小红蛱蝶

小红蛱蝶，翅展4.8~6.5cm。是西山上蛱蝶里比较亮眼的美丽蝶种。比较敏锐，难以接近。资料上说，它还具有长距离的飞行能力。

其幼虫以超过100种植物为食，包含菊科、紫草科、锦葵科、豆科、马鞭草科、蔷薇科、蓼科、伞形科、鼠李科、蓟类、荨麻和牛舌草等植物。

6.2.5　眼蝶

多眼蝶，翅展 5.5~6.0cm，翅茶褐色。幼虫以禾本科的刚莠竹等为食，成虫不访花。飞行较迅速，路线不规则。西山比较常见。

拟稻眉眼蝶。幼虫蚕食求米草、野青茅等。飞行迅捷，非常敏感，很难接近。

蛇目蝶。小型品种。

牧女珍眼蝶，翅展 3.8~4cm。西山非常少见。

豹眼蝶属中型大小。非常罕见，是一种很奇特的蝴蝶。
这是北京西山上获得的一份珍贵记录。

6.2.6　绢蛱蝶

绢蛱蝶属中到大型的体型。非常喜欢在阳光下活动，飞行迅速，十分敏捷。

仅此一份记录，拍自北京市阳台山。

6.3　弄蝶科

褐弄蝶，翅展 2.5~3cm。雄蝶翅膀表面黄褐色。

幼虫食草为五节芒、白茅、巴拉草、两耳草等。喜欢访花，飞行迅捷。

西山上很常见的一种小型蝶。

黑弄蝶，翅展 3.5~4cm。常出没于山林间。

6.4 粉蝶科

6.4.1 粉蝶科

斑缘豆粉蝶，翅展 4.5~5.5cm。
幼虫为害蓝雀花、紫云英、苜蓿、百脉根等豆科植物。

菜粉蝶，翅展4.5~5.5cm，别名菜白蝶。幼虫就是菜青虫，是我国分布最普遍、危害最重、经常成灾的害虫。已知其为害植物有9科35种，主食十字花科植物，特别偏食厚叶片的甘蓝、花椰菜、白菜、萝卜等。

云斑粉蝶，翅展 3.8~5.2cm。其幼虫主要为害甘蓝、花椰菜、白菜等十字花科蔬菜。

6.4.2 菜青虫

这些小青虫就是菜粉蝶和云斑粉蝶的幼虫。

第一幅图和最后一幅图中的小虫已经开始作茧、准备化蛹了。

6.5　灰蝶科

　　灰蝶科蝴蝶属小型蝶种，翅展不超过 5cm。翅正面主色为灰色、褐色、黑色等，部分种类两翅表面具有灿烂的紫色、蓝色、绿色等金属光泽，且两翅正反面的颜色及斑纹大不相同，反面的颜色很丰富，斑纹变化也很多。

　　它们的幼虫多取食蝶形花科的植物。

　　北京市海淀区的东埠头沟公园、昌平区的白浮泉公园都很多，很容易找到。

6.6 绿尾大蚕蛾

绿尾大蚕蛾属大蚕蛾科中的一种中大型蛾类。

别名：绿尾天蚕蛾、月神蛾、长尾水青蛾。成虫翅展 10~13cm。它总是昼伏夜出，因此如图所示，这一夜它的翅膀已经被树枝刮蹭得很厉害。它只有 1~2 周的寿命。

其幼虫为害药用植物山茱萸、丹皮、杜仲等，此外还为害果树、林木等。能够在清晨西山上的大树叶背面发现它，很不容易。它已经很少见了。

这就是绿尾大蚕蛾的幼虫，也可以叫它野蚕。它们比手指还要粗一点儿，食量很大。曾在西山顶的黄栌树上发现了它，只有两次，之后再也没有发现过。

6.7 天蛾科

豆天蛾，翅展 5~6cm。1 年 1 代。

成虫昼伏夜出，白天栖息于生长茂密的作物茎秆中部，傍晚开始活动。飞翔力强，可远距离高飞。

这是豆天蛾的幼虫，我小的时候叫它豆虫。其幼虫为害主要是大豆、绿豆、豇豆、刺槐等。

榆绿天蛾，翅展6.2~8.0cm。它的幼虫（下右图），1年1~2代，以天气气候为准。

长喙天蛾。它飞行能力很强，能在空中悬停。访花采蜜时，长喙伸进花朵里，身体就在空中悬停，保持姿态。春天里，它出现得比较早。

构月天蛾，其幼虫为害构树。1 年 1~2 代。

6.8　鹿蛾科

　　蕾鹿蛾，翅展 3~4cm，属于小到中等的蛾。有的单列鹿蛾科，有的归属灯蛾科。其翅面上的斑点，实际上是缺少鳞片，形成透明小窗。

　　其幼虫为害玉米、桑树、榆树等很多庄稼和树木，喜欢吃嫩叶。

6.9　螟蛾科

　　桃蛀螟，又称桃蛀野螟。幼虫俗称蛀心虫，是蛀果性大害虫。主要危害板栗、玉米、向日葵、桃树、李树、山楂树等农作物和多种果树。

实带须野螟蛾，属野螟亚科。

　　玉米螟。其幼虫主要为害玉米、高粱、谷子等，也为害棉花、甘蔗、向日葵、水稻、甜菜、豆类等作物，属于世界性害虫。

6.10 尺蛾科

麻岩尺蛾。

木撩尺蠖蛾。其幼虫主要为害核桃、板栗、红果、山杏等果木以及蔬菜。

尺蠖，是尺蛾的幼虫。因缺中间一对足，故以"屈伸"的方式一步一步向前移动。

这是曲白带青尺蛾。

6.11　夜蛾科

裳夜蛾（见右图）。

下图是瘦银锭夜蛾。体长约 1.2cm，翅展 3~3.5cm。

旋目夜蛾。成虫除对柑橘果实有害之外，还有害苹果、葡萄、梨、桃、杏、李、杧果、木瓜、番石榴、红毛榴莲等果实。幼虫取食合欢叶片。

此图片采自北京市延庆区北部山区。

6.12 斑蛾科

颜氏透翅斑蛾，属中小型蛾。其头胸背板及前翅都是黑色，翅型瘦长，脉纹清晰可见；触角及翅面有不明显的蓝色光泽，六脚黑色，有些蓝色成分。

6.13 羽蛾科

甘薯灰褐羽蛾。其体长 9mm，翅展 2~2.2cm。主要为害甘薯等作物。

6.14 灯蛾科

这是洁白雪灯蛾。

　　美国白蛾是灯蛾科、白蛾属蛾类，为白色蛾子。其幼虫严重为害桑树、法国梧桐、榆树、柿树、枫杨、泡桐等。

美国白蛾已被国家环保总局列入中国首批 16 种外来入侵物种名单。此图是 2018 年在北京西山上偶然采集到的。

6.15 白杨透翅蛾

白杨透翅蛾，属于透翅蛾科，是国内检疫害虫。幼虫为害白杨、毛白杨、银白杨、小白杨、新疆杨、青杨、滇杨、垂柳等。

从尾部看过去，其外观非常像黄蜂。

6.16　榆凤蛾

榆凤蛾，属于凤蛾科。其幼虫蚕食榆树叶。

6.17　松毛虫（蛾）

　　松毛虫，枯叶蛾科松毛虫属，共有 30 多种。食害松类、柏类、杉类等重要树种。是森林害虫中发生量大、危害面广的主要森林害虫。

　　图中只是其中的一种。北京 1 年可繁殖 1~2 代。

　　北京西山上仅发现一次这种蛾子。它有假死本领。

6.18 蓑蛾科

很难对号入座找到蓑蛾，却意外发现了它的幼虫。这只幼虫藏匿于草囊中，仅仅露出头部和两对前足，在树叶上边走边吃。

资料介绍，自卵孵化出的小小幼虫，几天后就会自己吐丝，造出包围自己身体的蓑囊，囊上黏附断枝、残叶、土粒等。行动时，则探出头部和前胸，负囊移动。故又有结草虫、背包虫、袋虫的形象俗称。

主要为害枫杨、刺槐、柑橘树、梨树、桃树、法国梧桐等树木。

蜂虻蚊蝇

蜂类昆虫属于膜翅目，完全变态类群。虻、蚊、蝇则均属于双翅目，完全变态类群。

胡蜂、蜜蜂等高等膜翅目昆虫具有不同程度的社会生活习性，有的已形成习性、生理及形态上的分级现象。如后蜂专司产卵繁殖，雄蜂通常于交配后不久死亡，工蜂专司采集食物、营巢、抚幼等职；蜜蜂中有专司保卫蜂巢的工蜂……蜜蜂巢群中的不同级型分工明确，不同级的幼虫巢室大小不同，饲育方式也不同，如后蜂幼虫期一直被喂以王浆，直至化蛹。一些类别的蚂蚁也是如此。很遗憾，我没有去记录和研究这一类很特殊的社会生活活动的历程。

关于胡蜂，我小的时候跟孩子们一起叫它大马蜂。在西山上一段崎岖山路林间，曾发现了一个很大的胡蜂巢，犹如一只悬挂在树上的小西瓜，直径超过 20cm。我悄悄地离开，不敢惊动它们，免得被视为敌而遭遇群体的进攻。胡蜂捕食对象很杂，以更小的昆虫为主，蜜蜂也是它的主要猎物之一。相关资料显示，胡蜂的雌性蜂才具有尾部毒刺，能排出毒液，所以仅雌蜂才会蜇人。

姬蜂，一般常见的是个头较小的、腰很细长的蜂，尾部的产卵管像一根长刺。我国记载的此蜂种类多达 1000 多种，它们全都是寄生性的。就是说，它们飞来飞去的主要任务就是寻找寄主，比如一只小毛虫。一旦选中目标，则迅即上前就是一个拥抱，把毒刺刺入对方体内，注入毒液，很快对方被麻醉，但不会死去，于是又把卵产于对方体内。接下来，卵在毛虫体内孵化为幼虫，幼虫获取人家体内的营养得以成长，毛虫却还在被麻醉中没有醒来。当姬蜂幼虫成长到足够大的时候，毛虫已被掏空而死去，而恰好那只幼虫开始化蛹。

青蜂，也属寄生性。它身体表面呈金属色孔雀绿，非常引人注目。文中一组在野花上的青蜂图片是在山东省济南市钢城区的植物园所获得的。

蜾蠃（guǒ luǒ），又称泥壶蜂，寄生性。它精心制作的育儿室——泥壶，非常优雅，像一个超小的酒壶。它会把螟蛉等害虫的幼虫作为宝宝的食物，空运带进"泥壶"中，供宝宝享用到化蛹为止。

食虫虻是西山上最常见的虻。它们不是忙于捕猎，就是忙于求偶，很是忙碌。它的眼睛很大，视力极好，飞行敏捷，是捕猎能手。其两眼之间有浓密的鬃毛以及刚毛，是为了保护眼睛，以免在捕获猎物时被对方抓伤。

摇蚊，世界已知5000余种，是一类十分常见、耐受性极强的水生昆虫，在各类水体中均有广泛分布。其数量占底栖无脊椎动物总数的一半以上，生物量占水生底栖动物的70%~80%。其数量众多，是在淡水水域生态平衡和养鱼事业方面具有重要意义的昆虫。它的踪迹，是我在西山下的东埠头沟公园所记录的。河边路旁，常常一团团飞舞的蚊子就是摇蚊。成团地集中飞舞是在求偶、交尾，然后产卵于水中，孵化后的幼虫在水中生长。

资料介绍，在水底，摇蚊幼虫可促进底泥有机物中的氮、磷的释放，以唾腺分泌物黏附淤泥或砂粒等，建设管状巢筒，取食食料包括沉积物中的有机物碎屑、藻类、细菌、水生动植物残体等。于是，它不仅仅是小鱼小虾的优质饲料，又是改善水体质量的无名之辈。故其在水域生态平衡和养鱼事业方面都意义重大。

这一章里，我们最熟悉的是蜜蜂。回首望去，它在我国的古诗词里占有很大的分量。蜜蜂和我们，昆虫和人类，悠远的历史印记，数千年的文化传承，值得我们去再重新认识这些小生灵。

《春思》

［宋］方岳

春风多可太忙生，长共花边柳外行。
与燕作泥蜂酿蜜，才吹小雨又须晴。

《阳春曲·春景》

［元］胡祗遹

几枝红雪墙头杏，数点青山屋上屏。一春能得几晴明？三月景，宜醉不宜醒。
残花酝酿蜂儿蜜，细雨调和燕子泥。绿窗春睡觉来迟。谁唤起？窗外晓莺啼。
一帘红雨桃花谢，十里清阴柳影斜。洛阳花酒一时别。春去也，闲煞旧蜂蝶。

《偶步》

［清］袁枚

偶步西廊下，幽兰一朵开。
是谁先报信，便有蜜蜂来。

7.1 胡蜂科

金环胡蜂。体长 3~4cm，是中国体型最大的胡蜂。别名：中国大虎头蜂。有资料介绍，它是世界五大毒蜂之一。其捕食多种昆虫，在生物防治上有较大利用价值，同时也会吸食成熟的水果，又有一定害处。

金环胡蜂属于社会性群居的昆虫。蜂群由雌蜂（后蜂）、雄蜂和职蜂（或叫工蜂）3种类型的蜂组成。其中雌蜂主要负责产卵和哺育第一代职蜂；雄蜂负责与雌蜂交尾，而且交尾后不久便会死亡；而职蜂则负责群体内几乎所有的劳作，例如修筑蜂巢、饲喂幼虫、捕获猎物、采集食物、守卫蜂巢等。

胡蜂科的各种蜂群都是这样来经营社会化生活。集群生活，明确分工，自筑蜂巢，繁育后代，工蜂捕食、采蜜、筑巢、育儿。离开蜂群的任何个体蜂，都不可能独立生存。

黑尾胡蜂。体长 2.5~3.6cm，中等体型。毒性也较强。别名：双金环虎头蜂，黑尾虎头蜂。一旦发现这类蜂的蜂巢，请一定远离它，绝不去尝试打扰它们。

约马蜂，就是民间常说的马蜂，常在有人居住的房外筑巢与活动。

它是棉铃虫的天敌，是益虫，常常活动于草丛、山林间。

河南省、安徽省等地可 1 年繁殖 3 代，河北省 1 年繁殖 2 代。

这是大异腹胡蜂。

7.2 姬蜂科

姬蜂科昆虫通称姬蜂。其体型变化很大，体长（不含触角和产卵管）0.3~4cm，其中 1~2cm 的居多。突出特征：腹部基部呈柄状，腹部一般细长。

本科全部种类都是寄生性的。这个意思是说，姬蜂寻找到寄生目标（寄主）是一条毛虫时，它会选择时机把卵产进毛虫体内。姬蜂走了，毛虫照样生活。可它体内的姬蜂卵孵化出幼虫，并依赖毛虫体内的营养逐渐长大。当幼虫成熟了，将破皮而自毛虫体内钻出来，此时的毛虫也会很快死去，因为毛虫的营养已经被掏空了。这是体内寄生。若只是一枚卵，是单寄；若是几枚卵，就是多寄了。

若寻找到的寄主是一只钻进树皮里面的蛀虫，则姬蜂卵就产在蛀虫的

身上，因为它们在蛀虫的洞里同样受到了保护。卵孵化出的幼虫依赖吸食蛀虫的营养而成长，它长大了，那只蛀虫不久也就死掉了。这是体外寄生。

寻找寄主的学问：选择的那只毛虫或蛀虫，其现状所表现的成长速度，必须优先保证姬蜂卵幼虫的成长成熟。寄主相对太小或太大，都不可取。

有的姬蜂会把选中的寄主麻醉了拖进自己准备好的土洞里，然后往寄主体内或体外产卵。姬蜂的任务完成了，走了。卵孵化成幼虫，继续获取营养成长。而寄主只是被麻醉了，还活着。对姬蜂来说，这是一门技术活儿。姬蜂的麻醉术须保证寄主还活着，就意味着孩子未来的食物一直非常新鲜。

它们选择的寄主，可以是鳞翅目里蝴蝶或蛾的幼虫，也可以是鞘翅目里的甲虫的幼虫，还可以是膜翅目里其他蜂的幼虫。姬蜂没有蜂巢，也没有社会性群居生活，它以自己独特的生活习性和寄生方式代代传承。正是如此，它的生存与繁殖大大抑制了蝶蛾幼虫、甲虫幼虫等害虫的繁盛，这才是人们特别需要保护并大力推行的生态平衡。它发挥着农药所达不到的可选择性的作用。

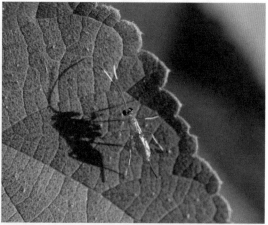

7.3　蜜蜂科

　　我国记载的属于蜜蜂科里的蜜蜂已超过 300 种，包括了野生的和人工养殖的。在我国最常见、最多的是中华蜜蜂，又称中华蜂、中蜂、土蜂，属中国独有蜜蜂品种。2003 年，北京市在房山区建立中华蜜蜂自然保护区。2006 年，中华蜜蜂被列入农业部国家级畜禽遗传资源保护品种。

　　资料介绍，中华蜜蜂原指东方蜜蜂种下的一个亚种，但分布在我国境内的东方蜜蜂很可能不只一个亚种。鉴于我国东方蜜蜂亚种分类的不确定，现暂时将我国东方蜜蜂总称为中蜂。中蜂是我国本土的特色蜂种，非常适应我国山区的自然环境。中蜂的天敌是胡蜂，特别是金环胡蜂、黑尾胡蜂。

　　中华蜜蜂起着重要的生态平衡作用，特别有利于高寒山区的植物。华北地区的很多树种都是早春或是晚秋开花的，还有的是零零星星开花的，如果没有中华蜜蜂，植物的受粉就会受到严重影响。

　　蜜蜂的社会性生活比较严格，任何个体离开群体都无法独立生活。群体成员有 3 种：工蜂是不发育的雌蜂，有螫针，它们是这个群体里最庞大的队伍，担负了蜂群中几乎所有的工作：侍奉蜂王，抚育幼蜂，修家筑巢，采蜜采粉，采水采胶，包括侦察、保卫和打扫卫生、清除垃圾等工作；蜂王个体很大，也有螫针，日常工作就是产卵，正常情况下，一个蜂群只有一只蜂王；雄蜂比工蜂个头大一些，无螫针，在蜂群里数量很少。只负责与蜂王交尾。交尾后即死亡。

　　图中蜜蜂的后足很有特点。其腿节叫花粉篮，意思是装花粉的篮子。其胫节叫花粉刷，是用来把自己身上沾着的花粉清刷集中的工具。仔细分辨可以看到它们的后足还生有绒毛，这些绒毛对于收集花粉和携带花粉起了很大的作用。

图中可见蜜蜂已经在后足腿节上形成了一个花粉小球团。蜜蜂刺吸的花蜜则吸进了自己的蜜胃里。当它们返回蜂巢后会把花蜜吐出来，把花粉团卸下来，交给专门负责制作蜂粮和蜂蜜的工蜂。

　　熊蜂属于蜜蜂科。熊蜂是多食性的社会性昆虫，是多种植物特别是豆科、茄科植物的重要授粉者。我国的熊蜂不少于 150 种，分布较广，其中尤以东北地区和新疆地区种类丰富。

7.4 切叶蜂科

切叶蜂是农林牧业植物的重要传粉蜜蜂，它与蜜蜂的外形很相似。由于它们常常从植物叶子上切取一小片带回蜂巢而获此名。

切叶蜂雌性独居。当它与雄蜂交尾后会立即行动，为产卵育虫做准备。一是选择筑巢地点，或土中小洞，或空芯植物杆，或树上木洞，或朝阳的石缝，然后清理干净；二是筑巢，选择植物叶子切下直径 2cm 左右的小叶片，带回小洞，卷成筒状，封闭一端以作巢室；三是采集花粉和花蜜，并把它们混合成蜂粮存于巢室。巢室里存粮到一半满室以上时，切叶蜂将会在这个巢室里产下一枚卵。然后第 2 个、第 n 个巢室，一个一个在小洞里摆起来。巢洞满了，就用树叶、木块、泥土等把巢口封闭起来。

成虫切叶蜂的寿命，只有 60 天左右。

菜叶蜂，属叶蜂科。这种蜂的幼虫主要为害油菜等十字花科蔬菜。

7.5　青蜂科

　　青蜂隶属于青蜂科。多数为小型，体长约 1.2cm。最具吸引力的是，它通体闪烁着金属光泽的孔雀绿或蓝色，特别是在阳光下，非常美丽！

　　青蜂均为独居，外寄生。青蜂的外寄生指的是它们大多数把卵偷偷地产在胡蜂或蜜蜂正在筑巢后期的、又尚未完成的巢室内。人家完成了自己的蜂巢也产卵了，还把用花粉和花蜜等混合制作的幼虫食物准备齐全、一同留在了巢室内。于是，青蜂卵孵化出来的幼虫有吃有喝地成长，甚至它会把同巢室内的胡蜂或蜜蜂产的卵或幼虫给吃掉。青蜂是一种非常凶猛的肉食性昆虫。

　　下图拍自北京市西山。左二图拍自山东省济南市钢城区植物园。

7.6　蜾蠃（guǒ luǒ）科

　　镶黄蜾蠃，又名细腰蜂、泥壶蜂。属蜾蠃科，是胡蜂总科的一科。也是寄生蜂。

　　成虫蜂平时无巢，自由生活。雌蜂要产卵了，才开始衔泥筑巢。一般都把巢建在石缝里、树干上、草梗上。最具特色的是那个小小泥巢，特别像酒壶、酒坛子。它在巢内产下一卵，用丝悬挂在内壁上。然后外出寻找和捕获蝴蝶或小蛾的幼虫。捉到一只就蛰刺

麻醉，空运回巢室，塞进泥壶，以备它的卵孵化出来的幼虫食用。最多时其泥壶巢内可储存 20 多条小虫。

为防止可能的入侵者，它的食物准备完成后就把入口给封住了。它的幼虫在泥巢内有充足的食物，很快长大。成熟以后化蛹，再而后就羽化成蜂，破壶口而出了。蜾蠃的主要食物是稻螟蛉、稻纵卷叶螟、玉米螟、棉金刚钻、棉红铃虫、棉铃虫等害虫。

蜾蠃，竟然在我国数千年前的《诗经》里就留有记载，才有了南北朝时候的故事，以后在汉朝、清朝的古诗里都有描述。

资料介绍，最早出自《诗经·小雅·小苑》的诗句："螟蛉有子，蜾蠃负之"。说有一种叫蜾蠃的小虫，只有雄的，没有雌的，只好把螟蛉衔回窝内抚养。后人根据这个典故，把收养义子称为螟蛉之子。

南北朝时医学家陶弘景，不相信蜾蠃无子，决心亲自观察以辨真伪。他找到一窝蜾蠃，发现雌雄俱全。这些蜾蠃把螟蛉衔回窝中，用自己尾上的毒针把螟蛉刺个半死，然后在其身上产卵。原来螟蛉不是义子，而是用作蜾蠃后代的食物。汉代扬雄《法言·学行》："螟蛉之子殪而逢蜾蠃。"《文选·刘伶＜酒德颂＞》："二豪侍侧，焉如蜾蠃之与螟蛉。"李善注《昭明文选》曰："蜾蠃，蜂虫也……蜂虫无子，取桑虫蔽而殪之，幽而养之，祝曰：'类我。'久则化而成蜂虫矣。"清代钱谦益《题＜将相谈兵图＞》诗："指擿丑虏成沙虫，睥睨公侯类蜾蠃。"

真的是，一虫揭开古诗句，故事流转越千年。悠悠厚载尽文化，莫道西山风林浅。

7.7 蚁蜂科

眼斑驼盾蚁蜂属蚁蜂科。图中的蜂怎么没有翅？对，它是雌性的，无翅。雄性的才有翅。它的别称是绒蚁，其外形酷似多毛的大蚂蚁。这种蚁蜂主要取食花蜜。它也是寄生蜂，外寄生。

雌蜂交尾后，会选择一些地居蜂的巢洞，侵入别人家的巢穴，把自己的卵产在人家幼虫或蛹的旁边，而且是有一只幼虫就在旁边产一个卵。待蚁蜂卵孵化出幼虫后，即以寄主幼虫的食物为食。成长1~2周以后，它已经足够大了，就会把寄主的幼虫吃掉。

蚁蜂还会发声。当它察觉到威胁来临时，它会发出短促的尖鸣声。这种声音来自蚁蜂腹部不同部位的移动和摩擦。

这一图片中的蜂仅仅在北京西山上发现了一次。

7.8 虻科

牛虻又名中华虻，俗称"瞎虻"。体长15~18mm。外形与苍蝇差不多，比苍蝇稍大一些。虻是典型的吸血昆虫，虻成虫口器为刺吸式，很适合吸血，能将牛、马、骡、驴等牲畜的皮肤刺穿，吮吸其血液，有时也攻击人类和其他动物。吸食血液的是雌性虻，雄虻则只吸食花蜜和植物汁液。

资料介绍，吸血的虻虫可传播人畜多种疾病。长期以来，人们只把它看作是畜害，而忽略了其显著的药用价值。虻虫首载于《神农本草经》，原名蜚虻，在《本草衍义》中记为"虻今人多用之，大如蜜蜂，腹凹扁，微黄绿色"，《图经本草》中记载与之相似，牛虻作为一种中药材，有逐瘀、破积通经的功效。

近几年随着中医药事业的发展，虻虫的药用价值越来越受到青睐，野生资源已经无法满足市场需要，人工养殖虻正悄然兴起。

惊叹的是，我国浓厚的文化沉淀里有小虫的故事。谚语："搏牛之虻不可以破虮虱。"

比喻能做大事的人却不一定能做得来小事。谚语中的"蝱"就是虻虫。这一谚语，出自我国西汉《史记·项羽本纪》。

　　图为三角虻。

7.9　食虫虻科

　　图为红足食虫虻。

这三幅图是前黑食虫虻。

中华盗虻属双翅目短角亚目食虫虻科（见下图）。我国有 200 多种，常见的大体型有 4cm 长，一般都是 2~3.5cm 长。食肉性，能在空中捕猎。号称昆虫界顶级掠食者，所以中华盗虻又名中华单羽食虫虻。

苍蝇、蝶蛾、蝗虫、蝽象、甲虫、蜂类都是它捕食的对象。捕到猎物，立即用长喙给猎物注入毒素和消化液，猎物失去反抗能力，消化液把猎物体内的肌肉和内脏都溶解成液体，它才吸入自己的肚子里。

它也会捕猎蜜蜂，还有自相残杀的记录。但总的来说，它是益虫，有它在的区域里，昆虫数量总体上就得到了控制，是一种平衡态。

7.10　食虫虻捕猎

　　这些食虫虻捕猎的镜头来之不易。有的是在西山上，有的是在小河水边。

　　它们的食谱很广，有大蚊、螋、粉蝶、蜜蜂、食蚜蝇和朽木甲。可见它们是当之无愧的捕猎能手。

　　我所亲眼目睹过多次，倍感震撼的是，它们几乎都是空中捕猎。有一次我发现了一只豆娘，我缓慢地向它靠近，却不曾想惊动了它，它迅速起飞逃跑。正在此时，附近的一只食虫虻更快速、更敏捷地弯道起飞，空中揽月，捕猎成功。

　　它们的复眼和单眼的视力造化与蜻蜓都是一样的。静止的猎物不是猎物，飞行的猎物最容易被发现。可以设想，一只静止不动的螋恰好就在它眼前，它也很难发现那是猎物。

为了生存，它们之间存在着相互残杀。

7.11 蜂虻科

图为多毛蜂虻。

此图为大蜂虻。

此图为小黑蜂虻。

蜂虻科大多有一个又尖又长的嘴（喙），看上去很像一只蜂。阳光下的野花草丛里，经常见到它。它会花中取蜜。

多毛蜂虻和大蜂虻是外寄生。其幼虫寄生于独栖蜂。

7.12 水虻科

黑水虻，水虻科。腐生性昆虫，其幼虫取食畜禽粪便和生活餐厨垃圾。很早就受到人们关注的是，黑水虻繁衍生存的粪堆附近家蝇数量很少。它能够有效控制野生家蝇的种群数量。

黑水虻成虫只有几天的寿命。它只是需要一点儿水，不再取食。

黑水虻（幼虫）对畜禽粪便及其他有机物垃圾等的处理后，使其有害菌的含量大大降低，转化成为很松软的优质有机肥料。这是生态环境保护的一条路径，也对于建设循环型生态新农村具有非凡的积极意义。

同时，黑水虻幼虫本身营养价值很高，可做高档饲料。被称为"凤凰虫"。于是，人工养殖，资源利用，循环生态，引发全世界关注。我国广州一公司已与国外多家企业联合建设中国最大的种虫繁殖基地，意在打造最强昆虫繁殖中心，为"凤凰虫"事业快速发展起到催化加速作用。

7.13　剑虻科

　　剑虻，剑虻科，属食虫虻总科。其成虫偶尔访花取蜜，多吸食树干汁液，不捕食其他昆虫。剑虻幼虫大多在沙土地里被发现，少数躲在腐烂的树皮下。它们在土壤中捕食蝉的若虫、甲虫幼虫、蚯蚓等。

7.14　长足虻科

　　长足虻，体型小，蓝绿色居多，有金属光泽。绝大多数都是捕食性的，捕食对象是果树、农作物和林木的害虫。我国记载的长足虻科内昆虫多达 1000 多种。

　　下页小圆图中它捕获了一只小叶蝉。

7.15　食蚜蝇科

　　食蚜蝇，食蚜蝇科。我国已知有 300 多种，体型从小到大都有。体色黄、橙、灰白等，腹部带黑条纹，有的还是蓝、绿等金属色。属种差异较大。

　　它们常常在花中飞行悬停，很像小黄蜂或蜜蜂。成虫的食蚜蝇取食花粉花蜜，有时也吸食树木汁液。

　　大多数食蚜蝇的幼虫以捕食蚜虫为主，还是介壳虫、粉虱、叶蝉、蓟马、各种小蛾的幼虫这类害虫的有效天敌，故得名食蚜蝇。少数食蚜蝇的幼虫则是植食性的，吃植物组织；

还有腐食性的，取食腐败的有机物。

我刚刚拍摄昆虫的时候总以为它是一种小蜂。因为它总在花丛中飞来飞去，又总是钻进大一些的花朵里。于是，追根溯源，最简单的区分是：蚊蝇属双翅目，只有一对翅；蜂有两对翅，属膜翅目。

图为狭带条胸蚜蝇。

下图为凹带食蚜蝇。

下两幅图为细腹食蚜蝇。

下两幅图为亮黑斑眼蚜蝇。

下幅图为灰带管蚜蝇。

这是黑带食蚜蝇。

7.16 大蚊科

大蚊，大蚊科。身体细长很像蚊子，腿很细很长。个头较大，最长的可达3cm。不叮咬人或畜，与吸血传病的蚊虫只能算是远房亲戚。

它们的幼虫大部分生活在水中，以腐败的植物为食；有些大蚊幼虫是食肉性的；还有的幼虫在土壤中危害谷物和牧草的根。它们的成虫的口器已经退化了，无法进食。大蚊很容易在水边的草丛中被发现。

这是短柄大蚊。

下两图为大蚊，也称为条花蚊。

7.17 摇蚊科

　　羽摇蚊，摇蚊科。盛夏至初秋黄昏时的水边，尤其在灯光下，它们一团一团在空中飞舞，十分常见。它们的幼虫大部分在水中生活，对各种水体的耐受性极强，因而广泛分布。其数量极其庞大，在淡水水域对生态平衡和养鱼事业都有重要意义。生态平衡的意义在于，它们庞大的幼虫群落在水底生活，显著地改善了水质；对于养鱼来说，这些幼虫是小鱼苗的天然精美饲料。

　　摇蚊与叮咬人的蚊子大小差不多。但它们发育为成虫以后，已不再取食，少数吸取一些含糖分的植物液体。它们也不会叮咬人或畜，它们的口器不具备这种功能。

螽斯和草蛉

8

　　螽（zhōng）斯与蟋蟀、蚂蚱一同构成直翅目名下的昆虫，螽斯总科所属已知有6800多种（世界范围的统计）。显著特征是触须又细又长，长度超过体长。大多数雄虫的前翅上具有发音区，两前翅左右摩擦就可发声。就像蝈蝈，学名叫优雅蝈螽，声音叫得很好听，它就是螽斯的一员。

　　只要记得，所谓螽斯，都是蝈蝈的近亲或表亲就足够了。我努力把我所见进行了区分，也不过5~6个种类。

　　印象很深、见面次数最多的还是草螽和日本条螽。清晨柔和的阳光下，它们优雅地出现在草叶上，而天色还不太亮的时候，它们或许躲在草叶或树叶的背后。天色更亮一些了，它们才陆续出现。无论你怎么靠近它，一般它都不动。它们的两只眼睛很小，却在阳光下放射着光芒。它们的触须很长很长，我最好奇的是，在每次蜕皮过程中，它们如何把那么细长的双须从旧壳里抽拔出来……

　　树蟋，很晚我才知道它的名字。原本总以为它是草螽的小时候。树蟋有很明显的带有发音区的两个前翅。黄昏时分，它们叫起来的声音似清脆的铃声，所以山下村里的百姓叫它"铃儿"。

　　西山上常见的草蛉通体呈半透明状的草绿色，属于脉翅目。我国记载的有15属上百种。草蛉是松蚜、柳蚜、桃蚜、梨蚜等各类蚜虫及松干蚧的重要天敌昆虫，对森林、苗圃、果园、农田中的蚜虫、蚧壳虫种群数量的消长起着有效的抑制作用。目前国内外生物防治工作者对草蛉的种类、生物学特征及其保护利用都在进行广泛深入的研究。

　　虽然草蛉显得很弱小，但仔细观察，它透明的两对翅像新娘的婚纱礼服；它透亮的双眼，含着温情……

　　螽斯，从三千年前的《诗经》里走出来的昆虫！你看：

《周南·螽斯》

螽斯羽，诜诜兮。宜尔子孙，振振兮。
螽斯羽，薨薨兮。宜尔子孙，绳绳兮。
螽斯羽，揖揖兮。宜尔子孙，蛰蛰兮。

（1）诜诜（shēn）：同"莘莘"，众多的样子。
（2）振振：繁盛的样子。
（3）薨薨（hōng）：很多虫飞的声音。
（4）绳绳：延绵不绝的样子。
（5）揖揖：会聚。
（6）蛰蛰（zhé）：多，聚集。

体会意象，细味诗语，先民颂祝多子多孙的诗旨，显豁而明朗。

8.1　螽斯科

8.1.1　若虫

第一幅图中的小螽斯正在完成最后一次蜕皮。它的前后翅已经完全发育到位。

后两幅图是两种不同体色的小螽斯。第一幅图和第三幅图已可见它们的产卵器，它们是雌性的。

8.1.2 中华螽斯

中华螽斯在分类学上与蟋蟀科关系很近，体长 2.5~4cm。体色多为绿色，也有褐色、土黄色。其触须很细，一般比身体还长。中华螽斯的翅很发达，比身体长出很多。

8.1.3 掩耳螽

大掩耳螽的突出特征是身体绿色，背部中央有赤褐色条纹。前翅有网状花纹。触须黑褐色，又细又长。

8.1.4 优雅蝈螽

优雅蝈螽俗称蝈蝈。雄性螽斯都会用两前翅摩擦发音。种类不同，声音也各不相同。雄虫的发声，主要是用于求偶，同类雌虫听到了会设法靠近；二是还可用来避险，一旦受到威胁，它也会发声，以此手段恫吓敌人；三是一旦遇到同类或异种的雄虫，它也会发出声音，以威逼对方退却或走开。

资料介绍，蝈蝈作为欣赏娱乐昆虫在我国已历史悠久。如在古易州（今河北省易县）就有几百年捕蝈蝈、编笼养蝈蝈的历史。

蝈蝈的种类很多，分布很广。按地域分布可分为北蝈蝈和南蝈蝈两大类群。北蝈蝈优于南蝈蝈，南蝈蝈个头较小，鸣声小而尖，体色不十分纯正。北蝈蝈又分为：

京蝈蝈：又叫燕蝈蝈。主要指北京市山区和郊区的蝈蝈，北京人爱讲究大山的蝈蝈。北京市以产黑色大铁蝈蝈著称。

冀蝈蝈：河北省山区的蝈蝈，曾经产量较大。多为铁皮蝈蝈，紫蓝脸，红牙，翅长蛤蟆音，间或有少量草白蝈蝈与山青蝈蝈。河北省蝈蝈以保定市易县西山北乡的为主，曾经名气最大。宣化蝈蝈也很出名，耐旱，生命力特强。

鲁蝈蝈：产地主要在山东省北部地区。鲁蝈蝈又以绿蝈蝈为主，但头项部局部泛红褐色的边纹，但也有个头大点的。

晋蝈蝈：山西气候时常干旱，多产以小个为主的山青、草白蝈蝈和少量的铁蝈蝈。晋蝈蝈的优点为皮实好养，皮粗翅厚，叫声响，但不美观。

蝈蝈的历史文化，同样回味无穷。资料介绍，原始社会末期，大禹就开了崇拜蝈蝈的先河。古文中禹就是"虫"。《玉篇（虫部）》中讲，"禹虫也"。《尔雅（释虫）》曰："国貉，螯虫"。郝懿行义疏："螯虫即虫螯，螯犹响也，言之声响也"。《尔雅》说得明白，禹虫叫"国貉"，又带响声，就是今天的蝈蝈。大禹是以禹虫——蝈蝈来命名的，于是禹虫便成了大禹氏族之图腾，所以后世就以禹虫的习性来崇拜，祭祀大禹。《荀子》记载里有所谓"禹跳"，扬雄《法言》说："巫步多禹"，都是说后人祭祀禹时跳的舞蹈好多都是蝈蝈那样的跳步。

中国人历来视蝈蝈为宠物，宋代人开始蓄热养蝈蝈，明代从宫廷到民间养蝈蝈已经较为普遍。到清代掀起了前所未有的蝈蝈潮。从康熙，乾隆直到宣统，许多皇帝都喜欢蝈蝈。乾隆游西山，听到满山蝈蝈叫声，即兴赋诗，曰："……雅似长安铜雀噪，一般农候报西风……"

这是中国独有的源远流长的蝈蝈文化，这种独特的文化至今仍在延续。每当夏季来临，村民们把成千上万只蝈蝈装进小笼子运到城里，在街头巷尾的一片悦耳的鸣叫声中出售。

8.1.5 日本条螽

日本条螽，又名露螽、梅雨虫、点绿螽，属螽斯科。其体型狭长，身体绿色。在背部中央纵向位置，雌性有白色条纹，雄性有褐色条纹。雌性体色有褐色型。前两幅图是雌性，后两幅图是雄性。

8.2 草螽科

斑翅草螽体型与中华螽斯几乎相同。其尖尾狭长，翠绿色居多。

8.3 拟叶螽科

拟叶螽的前翅很像一片树叶，故认为是拟叶螽。

8.4 其他螽

中华寰螽，螽斯科。体型硕大，似是在若虫期，其翅几乎没有发育。

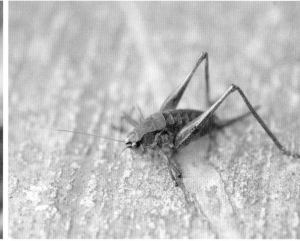

8.5　蟋蟀科

　　树蟋，鸣虫。体长约2cm，体型纤细修长，头小。生活在树上，得名树蟋，又名竹蛉。雄虫前翅接近透明，能看到里面还有横脉。其发音劲大，黄昏后雄虫的叫声清脆如细细铃声，当地村民就叫它"铃儿"。

　　中间那幅图是雄虫。左上图和右下图是雌虫。左下图和右上图是它的若虫，翅尚未发育完全。

　　资料上说，南方的树蟋对甘蔗、棉花、水稻都有危害。

8.6　脉翅目草蛉

　　草蛉为捕食性昆虫，属于脉翅目草蛉科。这是一个大科，种类繁多，我国大部分地区都有分布。它是松蚜、柳蚜、桃蚜、梨蚜等各类蚜虫及松干蚧的天敌，对森林、苗圃、果园、农田中的蚜虫、蚧壳虫种群数量的消长起着有效的抑制作用。目前国内外生物防治工作者对草蛉的种类、生物学特征及其保护利用展开了广泛的研究。

　　在北京常见的有大草蛉、中华草蛉等。它们在幼虫期可捕食蚜虫、介壳虫、木虱、粉虱等昆虫，还捕食多种昆虫的卵和蛾类的幼虫。羽化后的成虫主要取食花粉、花蜜和多种虫卵。

　　第一幅图是大草蛉产在草梗上的卵。

金蝉脱壳

名字里有"蝉"字的昆虫属于半翅目头喙亚目，不完全变态。

在日常生活中遇到的和谈及的蝉，一般都是盛夏树上鸣叫的知了。可这些年在西山上遇到的"蝉"，已经远远超过了我最初的印象。

西山上最多的蝉是体型比较粗壮的蒙古寒蝉。身上的基本色调是暗绿色，伴有黑褐色斑纹和局部白蜡粉（大多在双翅基部的位置），一对复眼呈暗褐色。两对翅是透明的，翅脉黄褐色。它的生活史一般是4~5年，即自卵孵化成为若虫，在地下生活多年，成熟后爬出地面脱壳成蝉的生活年数。

所谓地下13年还有17年的记载，是南美洲一些蝉的生活史，并非亚洲的记录。我国南方天气湿热，蝉的生活史有的只有2~3年。

体型又稍大一点的黑蚱蝉，我在山下的生活小区里曾发现过它。西山上却找不到。当我回到山东，却意外发现大汶河国家湿地公园都是黑蚱蝉居多，而且还收获了3次金蝉脱壳的晾台花盆近景。

西山上还有一种个体比较小一些的蝉，名字叫螗蜩，体长仅2.5cm左右。它的颜色几乎与树皮一致，棕褐色为主，有一些绿色和黑色斑纹，两对半透明的翅也有黑褐色的斑纹。深秋时节，最早退出林区的是它们。我常常看到它们在路旁做最后的挣扎。

这三种蝉的雌虫，常常会把卵产在嫩树枝上。当年初秋前孵化成若虫，像白色的蚂蚁。它们有的自行随风飘落地面，有的迅速从树上爬下，然后打洞入土，准备过冬。还有一种情况是那段带卵的树枝，已经被产卵的雌性蝉认真地处理过，带卵的树枝很快死去，借秋风把残枝吹落地面，残枝上已经孵化出的若虫即钻入地下，寻找吸食汁液的树根，准备过冬。冬季来临，随着地表温度的下降，小小若虫还会向更深的地下打洞，以躲避严寒。从此开始持续数年的地下生活。在地下，它们要经历至少4次蜕皮。

斑衣蜡蝉，我一直以为只是一只灰色的蛾子，却原来也是一种蝉。不过它的若虫不在地下，而是在树枝上长大，它们最喜欢臭椿树。最初的若虫是黑色带白色斑点，后来成长为暗红色带黑色条纹和白斑，善于跳跃，故俗称"椿蹦"。1年1代。成虫遇袭会喷出带毒的液体，不小心接触到会引起皮肤红肿。

广翅蜡蝉更小一些，也很神奇。小的若虫似是一小簇白色棉线，下面拖着一个高粱米大小的白色小虫。我试过小心点燃那一小簇白色棉丝，确是蜡质表现，它就是小虫尾部的蜡丝。有一年，在紫穗槐的枝条上见过很多。

中野象蜡蝉，最令我着迷的是它向前上方高高翘起的长鼻子。两只眼睛无奈地长在鼻子根部。它很小，体长不超过18mm。因为很少见，所以很难寻找它。每逢遇到这个小蜡蝉，总会联想到《木偶奇遇记》里匹诺曹的长鼻子形象。

角蝉，也很难发现它，只有在数年的寻觅中偶遇。它们都很小，体长不过3~8mm。一种胸甲上有红色的"Y"形纹，另一种则是前胸背上生长有两支尖刺状的角。

蔗象蜡蝉，也很不容易遇到它。它也很小，也有一个向前上方翘起的鼻子，但没那么长，眼睛就长在鼻子上。通体黑褐色。

蝉已成为流传至今的我国古诗词中常见的意象之一。借蝉抒情，借蝉自喻，托物寄兴，感慨深微，雅致高远，情趣绵长。

《蝉》

[唐]雍陶

高树蝉声入晚云，不唯愁我亦愁君。
何时各得身无事，每到闻时似不闻。

《在狱咏蝉》

[唐]骆宾王

西陆蝉声唱，南冠客思深。不堪玄鬓影，来对白头吟。
露重飞难进，风多响易沉。无人信高洁，谁为表予心？

《饯韦兵曹》

[唐]王勃（选句）

鹰风凋晚叶，蝉露泣秋枝。

更早至春秋时期《诗经》中的《卫风·硕人》，有"螓首蛾眉"的诗句，是描述美女美貌的形容词句。"螓"，一种小蝉；螓首，美女的前额像小蝉的额头，宽方有度。眉毛要像"蛾眉"一样，细而弯长。

寻觅下去，才越来越知道，昆虫的世界真的很美妙，需要很多时间去探索。

9.1　蝉科

9.1.1　蒙古寒蝉

蒙古寒蝉属半翅目头喙亚目蝉科。别名：蛁蟟（diāo liáo），俗称：鸣鸣蝉，又名知了。体长 3.5~4cm，中等体型。

成虫寿命一般 50~60 天。其若虫在地下生活多年，成熟后盛夏季节会爬出地面，蜕皮羽化为成虫。成虫在短暂的生命里要完成一个重要使命：交尾、产卵，繁殖后代，延续种群。整个夏天里它们在树上不知疲倦地鸣叫，只是为了求偶寻亲、交尾产卵。一般产在树枝上的卵当年孵化后会随风落地，入土打洞钻入地下，寻找树根，吸食汁液，准备越冬，开始漫长的黑暗生活。

蝉用这种生存方式避开天敌对种群的毁灭性袭击，极大地保护了自己，又解决了跨越北方寒冬的问题。虽然黑暗，虽然漫长，但得以生存了下来。昆虫进化史的成果，无法用生物学家的精准设计来取代。

9.1.2 黑蚱蝉

黑蚱蝉又名蚱蝉。体长 4~4.8cm，是大型体型。通体黑褐色或黑色。河北省、山东省、江苏省、河南省、安徽省、浙江省等地都有分布。主要为害樱花、元宝枫、槐树、榆树、桑树、白蜡、桃树、柑橘树、梨树、苹果树、樱桃树、杨柳、洋槐等。

有关资料介绍，蚱蝉 3 年 1 代。就是说它的若虫在地下生活 3 年。

图片采集自山东省济南市大汶河国家湿地公园。北京西山也有发现，不太多见。

9.1.3 蟪蛄

蟪蛄又名知了。体长约2.5cm，是比较小型的蝉。蟪蛄的种类也有很多。按身体颜色区分，黄、绿、黄绿、黄褐色多一些。主要为害杨树、柳树、法桐、槐树、枫杨、椿树、苹果树、梨树、桃树、杏树、樱桃树、李子树、核桃树、柿子树、桑树等多种树木。

它的危害不仅是成虫吸食树干里的汁液，而且它的若虫在地下几年里也吸食树根的汁液。它所危害的树种指明它的若虫一定是在这些树下的土里生存。

蝉的发音出自于雄性腹下第一、二节的发音器，靠腹部的运动发出声音。每一种蝉的腹部运动方式、频率、幅度和节奏都不相同，于是叫声也大不相同。

蟪蛄的鸣叫一般属于以下 3 种情况：

（1）集合鸣叫，雄性群体一呼百应地集体发声；

（2）受到惊扰、袭击时的短促鸣叫，或挣扎，或报警；

（3）求偶的鸣叫，本能的、追求回报的鸣叫。

蟪蛄在北京西山上是比较多的一种蝉。鸣叫声相比其他蝉弱小一些。

　　小小蟪蛄出现在两千多年前的《庄子·内篇》的首篇《逍遥游》里。《逍遥游》是战国时期哲学家、文学家庄周的代表作，这些都是我国道家的经典之作。其中："朝菌不知晦朔，蟪蛄不知春秋"提到了蟪蛄。句中"朝菌"指一种清晨生长、傍晚就萎靡的菌类植物；"晦朔"，月亮盈缺，晦，每月最后一天，朔，每月第一天；"蟪蛄"，当时叫寒蝉，春生夏死或夏生秋死，它过不了冬天。合起来，朝菌不知月底月初，蟪蛄不知春秋一年，形容人见识短少。又有谚语："夏虫不可语冰，蟪蛄不知春秋"。意思是比喻人的见识有其局限性，又引申出不可与浅见者深论之意。

9.1.4　金蝉脱壳

9.1.4.1　金蝉脱壳 1

　　这一组图片，是在山东省济南市钢城区野外采集的。图中为黑蚱蝉。

　　整个拍摄过程耗时 39 分钟。

9.1.4.2　金蝉脱壳 2

图中为黑蚱蝉。这一组图片于室内采集。

整个拍摄过程耗时 48 分钟。

许多野外蝉的脱壳过程的生物学知识的描述是这样的：

蝉的五龄若虫（俗称知了猴）趁着夜色，在雨后从地下爬出地面，立即爬上树干的一个选定的高度，停了下来。这一停持续几十分钟到一个小时，甚至更长。随后它用第一对强壮的挖掘足钩住树皮，固定好身体，位置必须是头部在上、尾部在下。当背部的开裂线裂开的时候，羽化过程由此开始了。

这是由它体内的一种荷尔蒙激素推动的。首先，体内积蓄的液体被吸入胸腔，使若虫局部身体膨胀，其背部从前胸向头部和腹部两个方向逐渐开裂，新金蝉的胸部和头部就会慢慢地从裂缝里向后退出，同时必须先缓慢地拔出它的挖掘足（两支前足），接着抽出第二对足、第三对足，还有整个头部。这个时候身体已经探出壳外一大半、呈水平且有些后仰的状态。全部身体的重量平衡都依赖只剩下大半个空壳和空壳挖掘足、以及其余四足的钩固程度。这时候需要 10 分钟或更长时间的等待。等待的唯一目的是必须让刚刚抽出来的挖掘足和其余四足的外壳变强变硬。这之后它才能够把挖掘足前伸，抓住（钩住）它旧皮壳的头部，其余四足也找到固定的位置抓在旧壳上，身体开始从躺平或后仰恢复到坐起的姿态，腹部还坐落在旧壳里没退出来呢。然后六条腿抓牢空壳不动，腹部缓慢抽了出来。所谓蜕皮、脱壳的过程就基本结束。一个黄褐色身体和淡绿或黄色翅脉的新蝉诞生了。

最后的任务是把翅膀伸展开来。于是胸腔里的内压加大，把体内液体沿着翅脉的微细管路注入它干瘪的翅膀，翅膀展开就再也回不去了。随后这些液体回流腹部，翅页逐渐平整逐渐变硬，腹部也伸展开了。

一般来说，全部过程都在凌晨时分、太阳出来之前完成。

有人说，阳光照晒下它翅膀伸开更快，干得快，硬得快。其实，金蝉的生物时钟是要抢在此刻之前全部完成。否则，较强的阳光下会导致翅面在伸开展平过程中面临开裂的巨大风险，那就真残疾了。

9.2 叶蝉科

9.2.1 大青叶蝉

大青叶蝉属叶蝉科。体长约 7~11mm。全国各地广泛分布。

其成虫和若虫为害各种植物叶片，刺吸汁液，造成植物褪色、畸形、卷缩，甚至全叶枯死。此外，还可传播植物病毒病。

为害范围包括杨树、柳树、白蜡树、刺槐树、苹果树、桃树、梨树、桧柏树、梧桐树、扁柏树，以及谷子、玉米、水稻、大豆、马铃薯等 160 多种植物。

北京地区其繁殖可达 1 年 2~3 代。

这些图片大多是在西山下东埠头沟公园的河边芦苇上、草梗上获得的。

（若虫，翅还没有发育）

9.2.2　小绿叶蝉

　　小绿叶蝉又名桃小绿叶蝉,体长不足 4mm,是桃树的主要害虫之一,还为害杏树、李树、樱桃树、苹果树、梨树、葡萄树等果树,以及禾本科和豆科植物。

9.3　蜡蝉科

9.3.1　斑衣蜡蝉的若虫和成虫

　　斑衣蜡蝉的若虫民间俗称:椿蹦、花蹦蹦。体黑色带白点的是小龄若虫;通体红色,身上带黑白相间的花纹,这是大龄若虫。它们遇到危险只会蹦跳逃走。它们最喜欢的是臭椿树,吸食树的汁液。初夏,臭椿自地里刚长出的嫩枝嫩芽上总会见到它们。它们喜欢群栖在一起。

　　小龄若虫体背上的白色斑点是生长中分泌的蜡粉造成的。它们从卵孵化出来的若虫长大到成虫,需要经历 3 次蜕皮。

斑衣蜡蝉的成虫民间俗称：花姑娘、灰花蛾。全身灰褐色。成虫体翅的表面有一层淡淡的白色蜡粉。成虫也有群栖性，即扎堆在一起栖息。成虫在 6 月中旬以后就开始陆续出现了，一直到 10 月份。它们交尾，产卵，继续为害树木。其卵多产在树干朝阳的一侧或枝干分叉处。1 年 1 代。

它们为害的主要树木是葡萄树、猕猴桃树、苹果树、海棠树、山楂树、桃树、杏树、李树、花椒树、臭椿树、香椿树、苦楝树、刺槐树等。

斑衣蜡蝉自身有毒，遇到危险它会喷出酸性液体。人若不小心接触到，皮肤会出现红肿，起小疙瘩。

多种蜡蝉在若虫成长期，身上覆有粉状物质和蜡质丝状物，似乎一小撮棉花的样子。这些分泌出来的物质大大地保护了小小的若虫，猎食者或偷猎者都敬而远之。

9.3.2　蜡蝉脱壳

9.3.2.1　蜡蝉脱壳 1

9.3.2.2　蜡蝉脱壳 2

毫无疑问，这两组脱壳画面告诉我们，它们正在完成第 3 次蜕皮，也是最后 1 次。它们蜕皮后的两对双翅已经完全发育到位了。

9.4 广翅蜡蝉科

八点广翅蜡蝉，又称八点蜡蝉、八点光蝉、橘八点光蝉。

成虫和若虫都喜欢在嫩枝嫩芽上刺吸汁液。主要为害苹果树、梨树、桃树、杏树、李树、梅树、樱桃树、枣树、栗树、山楂树、柑橘树等。

若虫有群集性，常常在一个树枝上爬满许多只若虫，善于跳跃。成虫则飞行迅捷。1年1代。

透明疏广翅蜡蝉，图中白色的是它们的若虫。尾部展开排列着一小撮一小撮的蜡丝，如同孔雀开屏一般。

北京西山紫穗槐和构树的枝条上最常见到它们。

9.5 象蜡蝉科

9.5.1 中野象蜡蝉

中野象蜡蝉，象蜡蝉科。体长约 12mm，头部延长前伸呈象鼻状，带有蓝绿色荧光条纹。复眼橙褐色具红色条纹。体常为绿黄色，翅面透明。

由于比较少见，几次都是在构树的叶子上发现它的。它奇特的长鼻子形象让我印象很深。每次遇到它我都兴奋不已。

9.5.2　蔗象蜡蝉

蔗象蜡蝉与丽象蜡蝉十分相近，属于象蜡蝉科。照片拍自北京西山上，很少见到。

9.6　瓢蜡蝉科

瓢蜡蝉，瓢蜡蝉科，其种类也很多。北京见到的都很小型，体长仅 4~7mm。
它的尾部还拖着一撮蜡丝，说明它是若虫，翅也没有发育。

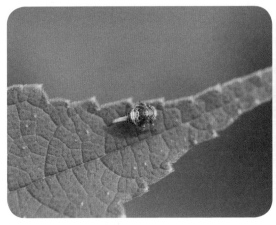

这两幅图中的瓢蜡蝉的体色与树叶并不相同，否则很难发现它们。

瓢蜡蝉在我国南方各省以及台湾省都分布较多，且种类也更多样。北京的西山上实属
偶然发现，几次都是在构树叶上被发现的。资料显示，它有极强的弹跳能力。

9.7　角蝉科

我在北京西山上发现了图中的小型角蝉，最大体长不超过 6mm。其特征是前胸背板
畸形扩展，横向左右两侧生长出刺，向后也有一根长刺盖在腹部上面。大自然的长期演化
使它们绝非为了美观而生畸形，而是威胁敌人，保护自己，甚至模仿枝杈，混淆天敌的视线。

资料介绍，角蝉使用特别的发出震动的方式以传导给树枝上的同伴，或报警，或求偶。

角蝉吸食树的汁液，然后又排出体外一些比较甜的液滴，叫蜜露。蚂蚁喜欢甜食，于
是招来了受益者，于是它们形成共生关系。同时蚂蚁还成为了角蝉的"私人护卫"。

9.8 沫蝉科

　　菱沫蝉，沫蝉科。第一幅图是松黄足菱沫蝉。沫蝉又名吹沫虫，常常分泌液体泡沫包围自己，其为害柳树、松树。

9.9　胸喙亚目　木虱

　　木虱，木虱科。体型较小，善跳跃。体表常覆有蜡质分泌物。其吸食植物汁液，也排出蜜露，也很容易与蚂蚁形成共生。

　　它们主要为害木本植物，如为害梨树的梨木虱和为害桑树的桑木虱等。

熟悉的蚂蚱

蝗虫俗称蚂蚱，属于直翅目，包括了蚱总科、蜢总科和蝗总科的所有种类。全世界有上万种，我国有 1000 多种。

在第 1 章我们已经把蝗总科中斑腿蝗科的棉蝗单列了出来，第 8 章又把螽斯单列出来，它们都属于直翅目。

这里又要论述蚂蚱，是因为它们确是西山上最常见的昆虫，并且种类繁多。而且在我自己从农村走过来的记忆里，盛夏初秋捉蚂蚱是抹不去的一道风景。

中华剑角蝗，俗称扁担。它的头很尖，呈圆锥形上翘，两只眼睛长在了锥体尖端的位置上。大多数是绿色，少数土黄色，甚至带其他颜色的条纹。雌性成虫如同大半支铅笔。雄虫却很小，像一支火柴，细长条状。西山上已经很少能看到它们了，一个夏季也未必能碰上一次。

斑腿蝗科的中华稻蝗，也已经不多见了。这些图片是在山下的东埠头沟公园拍到的。那里有一条小河，还有京密引水渠的水系。前些年，这周边的稻田很多，正是稻蝗的最佳食物源。也许这稻蝗就这样留存了下来。

东亚飞蝗，我仅仅见过几次而已。那一只身披露珠的飞蝗也是在东埠头沟的小河边拍到的，已非常少见了。

短额负蝗，属于锥头蝗科。外观很像小个子的剑角蝗，但不是同一种。在河边的草丛里，总会遇到它们。它们的生命力很强，1 年 2 代。全身绿色带有密集的小斑点，混在杂草丛中，鸟儿、青蛙都很难发现它们。

蚱科里的小型种类和苯蝗的若虫，大小和颜色都很类似，以土褐色为主调。我原来都把它们当作一种小蚂蚱，少年时还总叫它们"土蚂蚱"。

这些小精灵们很聪明，总能够在爬山爱好者的路边找到它们，少有人走的崎岖山路上

却很少发现。这是因为人走得多的路边相对安全，鸟儿怕人啊，不敢靠近。于是，它们的
生存概率大大提升。尽管它们都是害虫，但离着产生灾害的预警线还很远，愿我们的每位
登山者、健足君能够下意识地保护它们，保护大自然，保护一个难得的生态平衡，为儿孙
们留下观赏和研究的样本。

当我们再也找不到蚂蚱的时候，恐怕山里的鸟儿、爬行动物也就绝迹了。我想，那不
是我们想要的。

10.1　剑角蝗科

10.1.1　中华剑角蝗

中华剑角蝗的若虫亦称蝗蝻，别名大扁担、扁担沟、
中华蚱蜢。若虫时已大致分为两种体色，还有带条纹的。
1年1代。

这颜色和形状的蝗蝻如同一草叶，极大地保护了
自己。

雌虫体长5~8cm，雄虫3~6cm。下页右上图是雄性，其余是雌性。属植食性杂食昆虫，
主要为害玉米、高粱、谷子、豆类、水稻、花生、甘蔗、棉花等农作物以及禾本科的杂草，
常常将叶片吃光。

北京西山的路边草丛里已经是偶尔相遇，并不多见了。

这只雌虫背后的 4 只雄性虫，形成了竞争的局面。非常少见。

同时佐证：雌性成虫发出求偶信息，附近雄虫依靠对气味具备分辨能力的触须获得信息，于是向雌虫方向靠拢。

竞争成功的雄性成虫留了下来。

10.1.2　日本鸣蝗

下图为雌虫，体长 26mm。图片采集自内蒙古临河市。

10.2　斑腿蝗科

10.2.1　斑腿蝗若虫（亦称：蝗蛹）

这些若虫长大成为成虫时，分别会是哪一种斑腿蝗呢？

10.2.2 短角外斑腿蝗

短角外斑腿蝗，斑腿蝗科。体长 2~2.8cm，属中小型体型。若虫和成虫主要为害麦类、玉米、水稻、棉花等农作物及禾本科的杂草。

北京西山上近些年可见此蝗虫的成虫能够成功越冬，谷雨前后就可见它的身影。

10.2.3 长腿素木蝗

长腿素木蝗雌虫体长 32~42mm，主要为害水稻、玉米、甘薯、大豆、蔬菜等。图片采集自河北省沧州市。

10.2.4 中华稻蝗

中华稻蝗属斑腿蝗科。体长 1.8~4cm。主要为害水稻、玉米、高粱、麦类、甘蔗和豆类等多种农作物。喜欢生活于低洼潮湿、有水的地带。

图片采集自西山脚下东埠头沟公园的河边。

10.3 斑翅蝗科

10.3.1 斑翅蝗的若虫（蝗蛹）

斑翅蝗的若虫拥有可爱的颜色。它不会在草丛里待着，颜色太醒目，危险性大。

10.3.2 亚洲小车蝗

亚洲小车蝗体长 35mm 左右。

第一幅图采集自江苏省连云港市，其余在北京西山上获得。

主要特征：前后翅都比较发达，前翅面上有明显斑纹，是害虫。

10.3.3 花胫绿纹蝗

花胫绿纹蝗，斑翅蝗科。主要为害禾本科作物及棉花。

图片采集自北京市昌平区白浮泉公园。

10.3.4 东亚飞蝗

东亚飞蝗体长 3.5~5.2cm。它们喜欢栖息在地势低洼、易涝易旱或水位不稳定的湖滩、河滩、荒地，这些地方滋生大量芦苇、盐蒿、稗草、荻草、莎草等蝗虫嗜食植物。它们在黄河中下游地区的河南、江苏、山东、安徽等省份可实现 1 年 2 代，分为夏蝗与秋蝗，是造成蝗灾的主要"罪犯"。它们还可分为群居型和散居型两种。

东亚飞蝗主要分布在我国东部，黄淮海平原是其主要繁殖和危害区域。

它们是迁飞性"杂食性大害虫"。有关资料介绍，中国古籍中记载的蝗灾大部分是由东亚飞蝗造成的。据记载，从公元前 707 年至公元 1907 年的两千六百多年中，共发生蝗灾 500 余次。

在中国古时，蝗灾是与水灾、旱灾并列的三大自然灾害之一。蝗灾一旦兴起，遮天蔽日的蝗虫大军可以顷刻间把田地里的庄稼洗劫一空，更为恐怖的是蝗灾往往在旱灾之后而来。古人靠天吃饭，一旦地里的庄稼没了收成，接下来便是饿殍遍地啊……

到了现代，蝗灾的影响依然不容小觑。1985~1996 年的 12 年间，东亚飞蝗在黄河滩、海南岛、天津等蝗区连年大发生。1985 年秋，天津北大港东亚飞蝗蝗群东西约宽 30 余千米，波及面积达 250 万亩，是新中国成立以来群居型东亚飞蝗第一次跨省迁飞。1998 年，东亚飞蝗的夏蝗在山东、河南、河北和天津等 8 省市发生灾害的面积在 80 万公顷以上。1999 年，东亚飞蝗的夏蝗在山东、河南、河北和天津等 9 省市又发生灾害的面积达 80 万公顷以上。

看似不起眼的昆虫，在迁徙的途中可以爆发出惊人的能量。它们的迁徙不仅仅是完成自己生命的传承，更能影响到整个生态系统，蝴蝶效应在自然界非常明显。近年来，科学家发现昆虫迁徙量大得惊人，影响深远。对于生态系统中以昆虫为食的动物而言，这是一次饕餮大餐；反过来这些昆虫会对植物的生长造成影响。因此，昆虫的迁徙不仅仅是自己的事情，还影响到捕食者、猎物以及竞争者。此外，这些昆虫本身就是一种巨大的能量和营养物质，还有可能携带大量的病原体进行转移，对于整个生态系统的物种循环和能量流动都有着不同寻常的影响。我们人类需要重视地球上共存的每一个物种，哪怕它看似微不足道。

10.3.5 黄胫小车蝗

黄胫小车蝗雌虫体长 30~39mm。1 年 1 代。主要为害小麦、水稻等作物。

10.3.6 云斑车蝗

云斑车蝗雌虫体长 36~51mm，为害水稻、小麦、玉米、高粱、棉花、苜蓿等农作物。

10.4 锥头蝗科

短额负蝗，属锥头蝗科。又名：中华负蝗、尖头蚱蜢。体长 2~4.5cm。

它是一种害虫，主要为害美人蕉、一串红、鸡冠花、菊花、海棠、木槿、禾本科草坪草等植物。1 年 2 代。

北京西山脚下的东埠头沟公园比较多见。那里有一条小河，河边的草地和绿化带里总会有它们的身影。

10.5 蚱科

蚱科又名菱蝗科。主要特征：前胸背板特别发达，向后延伸至腹末，末端尖，呈菱形，故名菱蝗。前翅退化成鳞片状，后翅发达。喜欢生活在土表、枯枝落叶和碎石上。其颜色和体型都十分有利于掩护和保护自己。

日本蚱，左图中的日本蚱刚刚完成了最后一次蜕皮。

10.6 癞蝗科

苯蝗成虫。

苯蝗若虫。

　　它们都是苯蝗，体型相对粗短些。多生活在山区坡地以及平原低洼地的高岗、堤田埂、地头等处。除为害粮食作物外，还为害棉花、蔬菜等。

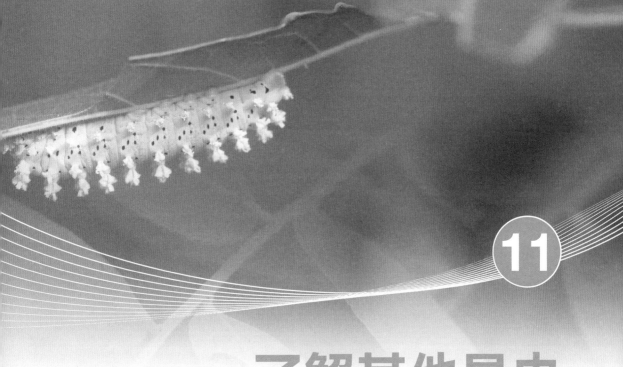

了解其他昆虫

昆虫里还有几个比较小的目，如蜉蝣目、蜚蠊目、革翅目，它们所属的昆虫不多，有的很难见到，有的很常见，一并列入本章节。

蜉蝣是一类很原始的昆虫，起源于石炭纪，距今至少已有2亿年的历史，是最原始的有翅昆虫。主要分布在热带至温带，全世界已知约50种，我国已知36种。蜉蝣体形细长，体壁柔软。蜉蝣幼期（稚虫）水生，生活在淡水湖或溪流中。其滤食水中藻类及颗粒食物，或是捕食水生无脊椎小动物。蜉蝣成虫常在溪流、滩湖附近活动。

它一生经历卵、稚虫、亚成虫和成虫4个时期，是昆虫中唯一有2个具翅成虫期（亚成虫与成虫）的类群。蜉蝣变为亚成虫后还要蜕皮成为成虫，这种特殊的发育过程被称为"原变态"。水生的稚虫要在1~3年内经历10~50次的蜕皮才能进入蜉蝣特有的陆生、有翅、亚成虫阶段。亚成虫随后经过蜕皮，变成成熟的成虫。亚成虫及成虫不饮不食，寿命极短，只能存活数小时，多则几天，它们几乎将所有的精力都用于生命后期的求偶交配。

多种蜉蝣稚虫期对缺氧和酸性环境非常敏感，因此一个地区的蜉蝣数量可以作为衡量这个地区水环境是否被污染的标尺。

蜚蠊目的蜚蠊，就是蟑螂。全世界有6000多种。主要分布在热带亚热带地区，生活在野外或室内。绝大多数种类都有完整的两对翅，覆盖在腹部上面，但它们不善飞，能疾走。室内蟑螂是很讨厌的一种昆虫。

可我说的是西山上的大蜚蠊，个头比较大，体长3.6~5.0cm。它们是植食性的，是西山上比较常见的昆虫。盛夏初秋，经常能够看到它们不慎上网，成为蜘蛛一顿大餐的残骸。偶尔还会看到它的近亲——地鳖，俗称土鳖虫，是一味中药材。

西山上的野蚕，也不少见。有桑树上的，有臭椿树上的，各自相貌均不相同，只有黄栌树上的柞蚕我比较熟悉。我的家乡丘陵成片，山上的柞树灌木就人工放养着这种柞蚕。

臭椿树上的椿蚕是野生的，它也会吐丝作茧。

　　洋辣子，虫体上有刺突和毒毛，触及皮肤立即发生红肿，疼痛异常。幼虫的体型和色斑有的非常艳丽，它们的成虫叫刺蛾。

　　善于伪装的虫子，有一种很像一根树枝的分枝，紫穗槐的树枝上比较常见，是一种尺蠖。

11.1　蜉蝣目　蜉蝣

　　画面于 2011 年采集自河北省唐山市迁安市的滦河边。图中为黄河花蜉，属河花蜉科。

　　蜉蝣成虫爬上陆地，不饮不食，寿命极短，它们几乎将所有的精力都用于交配，而后产卵，故有"朝生暮死"之说。

　　蜉蝣，优美的身姿、袖珍可爱的体型，让人无比震撼地赞叹：生命最后一舞！

　　在午后至傍晚间，成群结队的蜉蝣在水面上展翅飞舞，寻伴求偶。这生命的最后一舞，充满着艰辛与悲壮。成虫后它们都无法进食，它们只有把一生积攒的能量用来持续地飞舞、寻偶成功、完成交尾、产卵下水。雌性蜉蝣如"蜻蜓点水"般将卵产在水中。

　　蜉蝣还是监测水体环境的重要指标。蜉蝣的稚虫对于水体缺氧和酸性环境极其敏感，如果水体环境不达标的话，蜉蝣无法生存。因而，蜉蝣数量的多少是监测水体环境的重要指标。

　　小小蜉蝣，早就出现在我国北宋著名大文学家苏轼的《赤壁赋》中："寄蜉蝣于天地，渺沧海之一粟"。意思是：（我们）如同蜉蝣置身于广阔的天地，就像沧海中的一颗粟米那样渺小。于是，我国成语"沧海一粟"由此产生。

11.2　蜚蠊目　蜚蠊科

　　黑胸大蠊俗称蟑螂，是世界上最古老、繁衍最成功的一个昆虫类群。据中国科学院南京地质古生物研究所有关专家的报告，蜚蠊化石占已发现昆虫化石的50%，不但数量多，种类非常丰富，而且年代非常久远，出现于石炭纪前期、宾苏法尼时期，据今 3.5 亿年。

　　这两幅图采集自北京西山，而且西山上很常见，体长 3.5~4.2cm。常常在蜘蛛网上见到它的残体。

　　地鳖，别名土元、地鳖虫、土鳖、地乌龟等。属地鳖蠊科。

　　可能由于它作为野生的地鳖是很重要的中医药用昆虫，所以山上并不多见。野外生存的地鳖一般要 3~5 年繁殖 2 代。

　　由于它的药用价值较高，人工养殖已经成为一条开辟药用资源的新路子。野生虫源已不能满足人们的医药需求。

11.3 革翅目 蠼螋

蠼螋别名夹板虫、剪刀虫、耳夹子虫。体长4~5cm。杂食性昆虫，常生活在树皮缝隙里、枯朽腐木中、枯叶堆下，喜欢潮湿阴暗的环境。昼伏夜出。记忆里农村房前屋后的石块底下会常常遇到它。

11.4 山上野蚕

西山上野桑树上的野蚕属鳞翅目蚕蛾科的幼虫。西山是非蚕区，也非人工放养。野蚕喜欢桑叶，特别是嫩叶，会对山林树木造成危害。

虽为野蚕也是蚕，"蚕"字由天虫构成。可见祖先对于蚕的重视、敬畏和崇拜。它吐的丝，引领了数千年的人类文明。

桑蚕是最具代表性的中华文明之一。栽桑、养蚕、抽丝、织绸，数千年悠久历史的沉淀，桑蚕文化和丝绸文明，享誉世界。

樗（chū）蚕，臭椿树上的野蚕，属鳞翅目蚕蛾科的幼虫。西山上很常见。它会对核桃、石榴、蓖麻、花椒、银杏等树木造成危害。北方一年可生长 1~2 代。

11.5 常见的虫子

11.5.1 大虫子

叫它们大虫子，是指比铅笔还要粗一点的虫子。它们一定是鳞翅目里的蝶或蛾的幼虫，但却对不上号。请有兴趣的读者自行查询。

11.5.2 小虫子

这一些虫子比圆珠笔芯略粗，叫小虫子。与蝶蛾的对号更不容易。

11.5.3　善于伪装的尺蠖

尺蠖一般总在紫穗槐的树枝上。它们就像一个树枝或一个树杈。非常善于伪装自己，没有哪只鸟儿会发现它们。

我第一次发现它的时候，第一时刻并未在意。可心里想，怎么会有这样子的树杈呢？立即再回头去看，哈，原来如此啊！

11.5.4　洋辣子　刺蛾科

洋辣子俗称痒辣子。它们的花纹、颜色各不相同，却都是未来的刺蛾。它们身上长满了刺突，每个刺突头上都生有毒毛。一不小心接触到这些毒毛，它们会迅速进入皮肤毛孔，引起红肿、疼痛、奇痒。据说最好的方法就是用胶带马上粘到受伤部位，把毒毛给粘出来、清理掉。再涂抹些肥皂水或牙膏，感觉会好多了。

这些幼虫主要蚕食树叶，桃树、李树、杏树、苹果树、梨树、梅树、樱桃树、枣树、柿树、核桃树、大叶黄杨树、月季、海棠树、桂花、牡丹、芍药、板栗树、山楂树等果树和花木，以及杨树、柳树、大叶黄杨、悬铃木、榆树等林木，都是它们为害的对象。

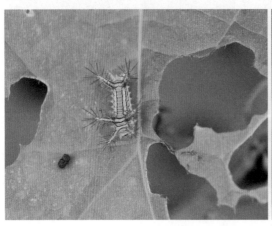

11.6　一颗蛹子、两排虫卵

　　这是一颗未知来历的虫蛹，形状也很奇特，用蛛丝捆绑在树叶上。其右半部分是腹部，已经可见腹节的环纹。其中部下半部分似乎是翅膀，自左向右。头在左侧，六足在自左至右的蛹子的上半部分。于是，昆虫是仰卧成蛹。

　　这是立夏后 4~5 天拍摄的。树叶是绿的，是当年的新生叶。那么蛹子是新生的，刚刚化蛹不久。这颗蛹子化蝶（或羽化）的时间需要 2~3 周。此后已进入 6 月，蝶或蛾会交尾产卵，生育第 2 代。推理，这是一只 1 年 2 代的昆虫。

这是在紫穗槐的叶子上排列整齐的两行虫卵。6月12日拍摄。又是一只1年2代昆虫的记录。这是什么昆虫的卵呢？

蜘　蛛

　　蜘蛛属于蛛形纲。同属于蛛形纲的还有蝎、螨、蜱等，全世界约4万多种。中国记载约3800种，分属于67个科。蛛形纲与昆虫纲，都属于节肢动物门，昆虫的故事里，不能没有蜘蛛。

　　蜘蛛的最显著特征：身体分为头胸部和腹部，八条腿，没有复眼。它们的生活史，一般在8个月到2年。它们都生活在陆地上，以捕食其他昆虫和小动物为生。大多数都生有锋利的有毒螯肢，常用来向猎物体内注射毒液（消化液）。等消化液将猎物消化后，它就可以吸食猎物了。

　　其头胸部前端通常有8个单眼（也有6、4、2、0的），排成2~4行。头胸部有附肢两对。第一对为螯肢，带螯牙，螯牙尖端有毒腺开口；第二对为须肢，对于雌蛛和未成熟的雄蛛，就是步足，也用来夹持猎物、同时又是感觉器官。步足3对，上覆刚毛，并带有几种感觉器官，如细长的盅毛（感受气流和振动）。

　　感觉器官有眼、各种感觉毛、听毛、琴形器和跗节器（各足末端）。

　　腹部多为圆形或卵圆形。腹部腹面纺器由附肢演变而来，大多数是6个纺器，位于体后端肛门的前方。还有的蛛具4个纺器，纺器上有许多纺管，内连各种丝腺，由纺管纺出丝。

　　蜘蛛的生活方式分为两类，游猎型和定居型。游猎型者，到处游猎、捕食、居无定所、完全不结网、不挖洞、不造巢。定居者，或挖洞或结网。

　　所有的蜘蛛生活，都利用丝，丝由丝腺细胞分泌，在腺腔中为黏稠的液体，经纺管导出后，遇到空气时很快凝结成丝状强韧而富有弹性。

　　蜘蛛雌雄异形，雄小于雌，差异很大。而且有的还异色，即雌雄体色不同。如同昆虫一样，蜘蛛的几丁质外骨骼外壳，也会随着生长过程而多次蜕皮。一生中，雌蛛蜕皮6~12次，雄蛛 2~8 次。

蜘蛛卵生，卵一般包于丝质的卵袋内，雌体保护和携带卵袋的方式有好多种。或置网上，石下，树枝上，或用口衔卵袋，胸抱卵袋，走到哪里，拖到那里。蜘蛛也是不完全变态，卵孵化出来的小蛛，渐渐长大至成虫蛛，不再化蛹。

盛夏直至晚秋，西山上最引人注目的蜘蛛，名字叫金丝蛛，又名络新妇蛛。它有一个故事，从络新妇讲起。将在下面叙述。

络新妇，本来的意义为"女郎蜘蛛"，是日本传说里的妖怪，会诱惑男子。男子一旦中计，则男子的首级会被取走食用。传说中最早的女郎蜘蛛，是一位嫁给某地领主的美女。领主有一次撞破了她与别的男子的情事，便愤怒地将她扔进一只装满毒蜘蛛的箱子，让蜘蛛吸食她的身体。她死后，怨灵与毒蜘蛛合为一体，成为了无情的"女郎蜘蛛"，常出没在森林中勾引年轻男子，取其性命。

所以，我们在西山上见到的这种蜘蛛，黄黑红三色斑纹，很是艳丽。它体型大，结的网大，网丝强壮，有时还布局多层网。蒙古寒蝉也常落入其网。

西山上的跳蛛，常见的品种都是小块头，体长 6~9mm。可它面向你的时候，它头上的一对主眼圆圆的很明亮，如同吉普车的两只前大灯。另外的 6 只副眼在头胸部两侧，主要检测快速移动的目标。它主眼的视力，能够与人类比美。它善于蹦跳。一旦盯住猎物，将潜伏、逼近、飞速跃起捕杀。行动极其敏捷。它也会拉丝，在高处跳下、遇袭脱险的时候，都会借助拉丝来缓冲和逃脱。

蟹蛛，一般也很小，大多如一颗高粱米。在小河边的野花花朵上，经常会找到它。它把四支前腿左二右二张开到最大尺度，奇特的是这前四足比后四足要长很多。期盼和等待着飞来采蜜的土蜂、灰蝶、食蚜蝇等。蟹蛛是捕猎高手，许多蛛都是浅绿色，它隐蔽在花瓣边上，草叶背后，出击成功率很高。

蜘蛛也有同类相残的行为。生存所迫嘛，所以雄蛛向雌性求爱要非常小心。聪明的雄蛛，始终在离雌蛛很近的网上耐心等待时机。一旦有大猎物上网，雌蛛满心欢喜享用大餐后，雄蛛的机会来了。既求爱成功，又能保住性命。

由于蜘蛛对包括栖息地结构、栖息地类型、风、湿度和温度等环境因子变化高度敏感，可以作为监测生境和生物多样性变化的指示类群，其物种组成和数量变化已成为环境监测的重要指标，能够很好地反映环境变化过程及其对生物多样性的影响。

12.1 蟹蛛

蟹蛛属蟹蛛科。我所拍到的大多是小型蟹蛛，尤其在河边的草丛里很多见。大一些的也不超过半颗黄豆粒的大小。

它们 8 条腿中的前 4 条腿，已经进化得很长很长，是后 4 腿长度的 1.5~2.5 倍，几乎专用于捕猎，像螃蟹的一对大钳子，故而得名蟹蛛。而且，它也会横向快速移动，也会后退移动，与螃蟹有非常相似的行为。

蟹蛛不会结网，自然不会网猎。只会守株待兔，常常在花瓣上，草叶上潜伏，静静等候过客送来大礼。潜伏的特征就是：前 4 足全部打开，静候来客。

我的记录里，蟹蛛的狩猎成功率很高，而且有以小捕大的豪气和壮举。

雌蛛有守护卵囊的习性。等到幼小蟹蛛孵化出来的时候，往往它就已经趴在卵囊上死去了。

12.2　蟹蛛捕猎

小小蟹蛛，竟然能够成功捕获蜜蜂、螳螂、甲虫、螋这些看起来应当算是大个头的猎物，我深感惊讶。其实，奥秘在于：蜘蛛的口器，包括头胸部的一对有螯牙的螯肢，螯牙尖端有毒腺开口。

捕获猎物的第一步，寻找合适部位，螯牙咬破猎物身体注入毒液，猎物很快被麻痹。这毒液又是消化液，它会把猎物体内的肌肉与脏器都溶解为蟹蛛容易消化的液体。然后猎物就被吸食干净了。

最后，猎物只剩下一个轻飘飘的外壳，小蟹蛛的腹部变得又大又圆。

12.3 跳蛛

蜘蛛目跳蛛科是蜘蛛目里最大的科，全球有 3000 多种。西山上的跳蛛已经令人眼花缭乱。它们大部分有一对明亮的大眼睛，非常迷人。这一组图片，应该是同一种属的。它们很小，只有大约 5~9mm 身长，比较常见。

跳蛛最神奇的是，它共有 8 只眼睛。我们从它的正面看到的只有 4 只，2 只主眼和 2 只侧眼。跳蛛是游猎性捕手，不靠网，而是靠跟踪猎物，然后像猫一样扑过去。准确、敏捷，一气呵成。它的眼睛在精准捕猎中当立首功。

生物学家的研究发现，跳蛛的主眼虽然能够看清前方的目标，并提供清晰的图像，但它的视野不够宽广。左前与右前方向就要依赖主眼两边的侧眼提供影像信息，并确认感兴趣目标所在的位置方向，以使主眼立即调整、瞄向那个方向。

跳蛛的眼睛，完全不同于昆虫的眼睛，不是复眼构造。它是晶体组织与视网膜的组合结构，而且主眼视网膜有 4 个感光细胞层。于是它才可能精准地判断出目标猎物与自己的距离，保证很高的捕猎成功率。

跳蛛还有 2 对眼睛，其中 1 对很小，位于头胸部的中部两侧。还有 1 对，则位于头部的后方——左后和右后方。它们对于移动的目标，对于光线的明暗识别，非常敏感。这也许是它必须具备的对来袭敌人能够识别的探测器。

跳蛛从来不会织网捕猎。但在遇到危险逃生时，它会一跃而起、飞离树叶、拉丝悬挂而逃。这个动作和逃生功能，是我在跟踪与拍摄过程里多次遇到的。

跳蛛的视觉和听力都很敏锐。我在层层树叶中发现了它，它总是三步一小跳、五步一转身地寻找目标。我准备好相机了，希望它稳定下来，哪怕只有 3 秒钟。可它总在动。于是，我拔来一支细草梗，那一端慢慢地在树叶上向它靠近。它一定是感觉到了这微小的振动，也或许是草梗移动的影子的光的信息，它马上停下来，并迅速原地调整身体姿态，很准确地转过身来面对着我，4 只眼睛，两大两小，直直地瞪着我。我获得了足够的时间按下快门。它并不认为我是它的敌人，它很少遇到如此庞大的敌人形象，它没有记忆。我甚至得寸进尺，用小草梗继续挑逗它，希望它变换一个姿态来拍照。大多数它都服从了，它转身寻找新的目标了。少数几次，它似乎意识到了危险，一跃而起，从宽大的树叶边缘跳下，一根细丝很快把它给兜住了。

有一种跳蛛，很喜欢捕食苍蝇。人们叫它蝇虎。苍蝇的视力也很好，逃生极为敏捷。人们用苍蝇拍拍蝇时时有拍空，而蝇虎捕蝇却成功率极高。

　　这一组图片，相对不太多见。特别是下左图。它正面头部的 6 只眼睛如此布局排列，我只见到这一次，很特别。其余的几种跳蛛，大多是体色、斑纹有些变化，外形上也有些许不同，但基本上是一致的。

　　这是一只蚁蛛，隶属于跳蛛科。它的头部与蚂蚁有很大不同，另外它有8条腿，蚂蚁只有6条腿，可外形与蚂蚁十分相似。而它恰恰在树枝上捕食蚂蚁，以及其他的小昆虫。

　　它十分敏感，遗憾的是我没有拍到它的正面图像。它正前方的一对主眼和一对侧眼与其他跳蛛很相似。

12.4　跳蛛捕猎

蟹蛛捕猎是守株待兔，而跳蛛战略则是主动出击。

跳蛛走走跳跳，不停地巡猎，一旦发现猎物，则锁定目标，悄悄逼近。

仔细分辨猎物的类型、大小、反杀能力；预估猎物的逃跑方向、逃跑方式和反应速度；迅速评估出击猎杀的可行性和万一失手的后果。这是战术一必选项。

其目标全部都是有翅飞虫。问题是，根据现在自己的位置与目标姿态，是迎头扑上去？还是迂回至背后突然袭击？这是战术二的可选项。

准确判断自己与猎物的距离以及与猎物所在位置的高差；对风向风力迅速预估，并考虑树叶摇摆的幅度大小等因素。这是战术三的必选科目。

无论怎样，一次捕猎的成功，就是战略战术运用的成功。特别是左下图中所示的猎物，比跳蛛要大一倍，但小跳蛛成功了。

12.5　金丝蛛

金丝蛛，一般就是指络新妇蛛，园蛛科，体型大。北京西山的山林里，这种剧毒蜘蛛很多。尤其是在山间大路边的树木上，盛夏至中秋挂满了这种蜘蛛的蛛网。山间大路是通道，也是一些大型的飞虫喜欢飞行的基本路线，所以在此结网则事半功倍。

它结的网圆直径达 1m 左右。网丝拉力大，经常能够在它的网上发现大螳蟑、斑衣蜡蝉、蒙古寒蝉等大中型飞虫的遗体。

雄蛛的体型很小，约为雌蛛的 1/4~1/3。一不小心，雄蛛求偶失败而很容易就被雌蛛给吃掉了。好运的，也不过是交配完成后被吃掉。

它艳丽的斑纹色彩，醒目的花腿，与"络新妇"这个名字的来历有关。

12.6　类十字园蛛

类十字园蛛，园蛛科。体型为中大型。西山上的山林间，仅次于络新妇蛛的网就是它的网。傻傻的大螳蟑（大蟑螂）总是网上有名。

其卵圆形的腹部上布满了黄白相间的斑纹，还有黑曲线描斑，八腿黑白相间也很醒目，是给人印象深刻的花蜘蛛。

12.7　盗蛛

盗蛛又称育儿网蛛，盗蛛科，体型为中大型。雌蛛能为幼蛛织网，并在近旁守护。常在河边水边生存与繁衍。

12.8 其他蜘蛛

这几个小蜘蛛，很是特别。请读者自己分辨它的来历与名字。

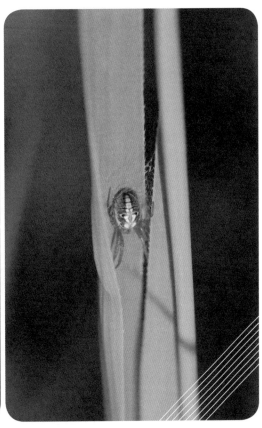

下图是一种体型极为细长的小型蜘蛛，很常见。它很善于潜伏在一柄细长的草叶下，等待猎物的降临。

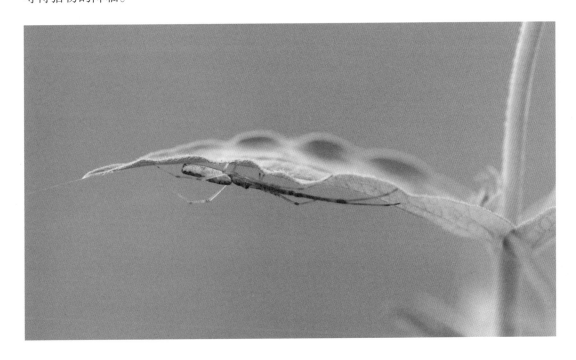

12.9 蜘蛛网猎

无论哪一位上网者，都是自己误入网眼、飞进来的。蜘蛛对自己的网非常熟悉。无论是自网中央向外、放射性布局、远处固定在树枝、石崖等处的蛛丝，还是从中央向外一圈一圈的网孔，猎物上网引起的振动使得蜘蛛立即反应，从蛛网的某一个角落奔向猎物。

绝大多数情况下的第一操作是，毫不迟疑地用蛛丝把猎物缠绕很多圈。首先，猎物失去扇动双翅的自由，无法再逃；其次，捆绑的同时也把猎物好好地稳固在网上，避免一两根丝断裂而猎物逃逸的发生。

无需上述操作的基本前提是，网主迅速控制了局面，猎物没有逃走的可能。至于网主其他操作，则同蟹蛛捕猎的第二、第三步完全一致。

于是我还联想到，网蛛才真的是"宁吃飞禽二两，不食走兽半斤"啊。

12.10 同类相残

当十分关注蜘蛛的捕猎时，也意外地发现了它们同类相残的明证。尽管这肯定不是生物链与食物链的必然环节，但一定是饥饿和生存的无奈。

这只绿色蟹蛛，从背后偷袭了前面的那位褐色大哥。

这也是一只绿色蟹蛛，把一只黑白花纹相间的小蜘蛛抱在了怀中。

同样大小的络新妇蛛，左上方的那只已经把右下这位捆绑完成。

12.11 蜘蛛交配

请注意，蜘蛛不再使用"交尾"这个词，直言交配，因为这个行为已不在蜘蛛的尾部发生。雌蛛的生殖孔在腹部下方靠前的中间部位。注意观察这几幅画面。小的蜘蛛是雄蛛，它头部靠近的部位正是雌蛛的生殖孔位置。

雄蛛有一对触肢，有的叫须肢，靠近它的口器两侧。到了发情期，这一对触肢将成为雄蛛的生殖器官。

所以，我们可以理解画面上两蛛的位置与配合，它们正在交配。

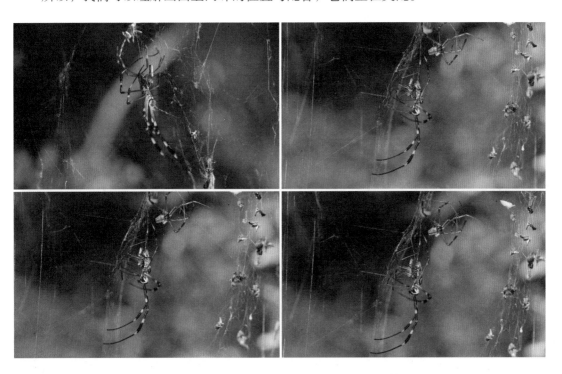

后　　记

　　我终于获得了女儿淘汰下来的相机，一台佳能400D。我玩久了的卡片机终于可以塞进抽屉里了。那一年，我58岁。

　　我的少年时代在家乡的山里度过。干农活，割草拾柴，经历了很多。特别难忘的是，秋收时节收玉米时，我捉到了一只绿色的大蚂蚱，我们叫它"蹬倒山"，它力气很大。我第一次捉它的时候，先用手把它按在草丛里，然后慢慢抬起手掌，另一只手的拇指和食指去捏住它的肩膀。不想，它两只有力的后腿，反转向上一蹬！腿上的刺立即刺进我的指甲缝里……

　　得到这第一次教训，我学到了新方法。发现了就迅速扑上去、用手掌把它按住，避免它跳起飞走。然后手掌慢慢抬起，并根据掌下的感觉，知道它头部和尾部的位置，然后两只手配合，去捉住它的两只后腿，并和它的肚子捏在一起。它动弹不得了。

　　怎么把它带回家呢？那个时候真的不知道还会有今天的塑料袋这种东西。

　　还记得我小学毕业的全校大会上，于校长曾经慷慨激昂地讲："科学技术发展很快，你们还要上中学，甚至上大学。去学习很多很多东西。现在一种做衣服的新材料已经被研制出来了。它做的衣服根本不怕刮破。破的口子，用火柴烤一下，两个手指一捏，就粘上了。根本不用打补丁，不用缝！这种材料叫'尼龙'！"以后的很多年里，我衣服破了的时候，总会记起这"尼龙的往事"。

　　后来我依据其他乡亲的做法，学习把"蹬倒山"带回家。方法就是顺手拔一根结实的草梗。

真的有韧性、又不易折断的草梗必须要在立秋这个节气以后才可以获得。过了这个节气，天气开始转凉，草木不再生长，但草梗却变得更结实，更有韧性。晒干了拿去灶台点火做饭，烧起来也会噼噼啪啪地响，火势旺了许多。

用这根草梗，仔细地穿过那只蚂蚱的胸部后背。从翅膀和前胸之间的缝里穿进去，从头部脑后的缝里穿出来，草梗后端要打一个结。大功告成！

找来一块大一点的石头，把穿着蚂蚱的草梗压住。确认它再也不会逃走，那就放心地继续去干活儿。收工的时候，赶紧去地头找到它，提着草梗，拿着镰刀，吹着口哨，回家去……

那是人民公社的时代。生产队里的农活总是上山集合一起干，收工时一起回。农忙时，家里派人把午饭送到田间地头。

这只"蹬倒山"，始终游走在我的记忆里。

我有了新相机，当然先把它找到，拍了照片，想怎么看就怎么看。它也不会再跑掉了。

但是镜头不行啊。拍蚂蚱算微距摄影，得用专门的镜头。女儿指导我买来了新武器——100mm定焦镜头。

这才是一步不小心，本来是想学习摄影玩，却陷进了昆虫世界不能自拔。

2022年4月21日

参 考 文 献

[1] 张巍巍. 昆虫家谱 [M]. 重庆：重庆大学出版社，2014.

[2] 岳颖，汪阗. 北京蜻蜓生态鉴别手册（全国青少年校外教育活动指导教程丛书）[M]. 武汉：武汉大学出版社，2013.

[3] 韩永植. 昆虫识别图鉴 [M]. 郑丹丹，译. 郑州：河南科学技术出版社，2017.

[4] 麦加文. 昆虫 [M]. 王琛柱，译. 北京：中国友谊出版公司，2005.

[5] 卡特. 蝴蝶 [M]. 猫头鹰出版社，译. 北京：中国友谊出版公司，2007.

[6] 法布尔. 昆虫记 [M]. 肖旻，译. 北京：商务印书馆，2015.

[7] 斯科特·理查德·肖. 虫虫星球 昆虫的演化与繁盛 [M]. 雷倩萍，刘青，译. 北京：中国友谊出版公司，2018.

[8] 杜远生，童金南. 古生物地史学概论 [M]. 北京：中国地质大学出版社，2010.

[9] 王琳瑶. 神奇的昆虫世界 [M]. 武汉：湖北科学技术出版社，2021.

[10] 王敬东. 蜜蜂的故事 [M]. 武汉：湖北少儿出版社，2009.

[11] 王敬东. 田园卫士 [M]. 武汉：湖北科学技术出版社，2021.